水循環の時代
膜を利用した水再生

(社)日本水環境学会
膜を利用した水処理技術研究委員会 編

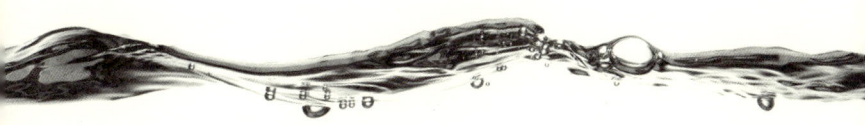

技報堂出版

序　文

　産業分野において適用された膜分離技術が，水処理にも使われるようになってから，30年ほどが経過しました．浄水処理の分野では，主にクリプトスポリジウム対策として，わが国でも多くの浄水場で膜分離技術が適用されつつあります．排水処理については，何よりもその優れた処理水質から，わが国では，し尿処理，ビル中水道などに適用され始めましたが，ようやく2005年に下水道の終末処理場に膜分離が導入されたのは記憶の新しいところです．

　その後も膜分離を利用した下水処理場の建設は着実に進んでいますが，膜分離の優秀性がまだまだ一般に浸透していないように思われます．特に，処理水質の良好さ，少ない必要面積などの効用がまだまだ認識されていないという歯がゆい思いを強く持っています．

　膜を利用した水処理技術は，基本的には物理的な固液分離が中心となっており，その適用分野にかかわらず共通した原理によって水を処理します．しかし，わが国ではともすれば縦割り行政により，水道，下水道，浄化槽，工場廃水処理などの分野ごとにばらばらに公的な認定や，学術研究がなされてきたことは否定できず，膜分離水処理技術の更なる発展と普及のためには，分野を横断した研究活動が必要であったといえます．

　(社)日本水環境学会・膜を利用した水処理技術研究委員会は

このような状況のもと，浄水，下水処理などの適用分野にかかわらず，膜分離の原点に立ち返りながら水処理分野においてさらに普及させるべく，大学・研究機関の研究者のみならず，膜メーカー，水処理エンジニアリングメーカーの多くの技術者・研究者をメンバーとして，2002年に立ち上げられました．

以来，膜処理関連施設の見学会，シンポジウムの開催などを積み重ねて参りましたが，その集大成として本書を執筆するに至りました．委員会の活動としては，膜浄水施設の見学も数多く実施いたしましたが，浄水技術については，既に，何人かのメンバーも関与している膜分離技術振興協会・膜浄水委員会監修の「浄水膜」（技報堂出版／2008年2月第2版刊行）があるので，本書では排水処理・水リサイクル技術に焦点を絞り，膜分離技術を応用するための基礎と応用について，専門家以外の方にもわかりやすくまとめたものです．

本書の特徴は，特に膜分離技術の応用例を多く収録したことです．膜を利用した排水処理技術は下水処理に限らず，様々な応用分野があります．これは膜分離技術が固液分離を基礎としながらも，様々なプロセスとの組み合わせによって多様な処理技術に発展可能な柔軟性を持っているからに他なりません．近年，流域における健全な水循環系の創造が強調されるようになっていますが，膜分離技術は，まさにそのために必要な技術であると確信しています．本書のねらいの一つには，水にかかわる現場の技術者の方に膜分離技術を知っていただき，様々な応用例を見ていただくことによって膜技術の導入のきっかけにしていただきたいという願いがあります．

本書は，膜技術の基礎からわかりやすく解説もしていますの

で，これから水処理技術を学ぼうとする学生・社会人の皆様にも導入のための教科書として最適と思います．水循環，水再生などに関心のある多くの方に本書を手にしていただき，膜分離の素晴らしさと可能性を感じとっていただけることを願ってやみません．

2008年1月

(社)日本水環境学会
膜を利用した水処理技術研究委員会委員長
武蔵工業大学教授　長　岡　　裕

執筆者名簿

*	阿瀬　智暢	ダイセン・メンブレン・システムズ㈱	[第2章, 第6章]
*	安中　祐子	㈱西原環境テクノロジー	[第4章]
	和泉　清司	㈱クボタ	[第5章]
	市原　　昭	㈱荏原製作所	[第4章]
	宇田川万規子	㈱日立プラントテクノロジー	[第5章]
	大泉　勝則	㈱西原環境テクノロジー	[第4章]
*	大熊　那夫紀	㈱日立プラントテクノロジー	[第5章]
	太田　秀司	日本下水道事業団	[第3章]
	鬼塚　卓也	水道機工㈱	[第6章]
*	岸野　　宏	㈱クボタ	[第6章]
	佐竹　純一郎	㈱ダイキアクシス	[第4章]
*	長岡　　裕	武蔵工業大学	[第1章]
	八田　　武	栗田工業㈱	[第5章]
*	村上　孝雄	日本下水道事業団	[第3章]
*	山田　亮一	栗田工業㈱	[第6章]
*	吉川　慎一	㈱日立プラントテクノロジー	[第5章]
	若菜　正宏	荏原エンジニアリングサービス㈱	[第6章]

（五十音順，＊は編集幹事，所属は2007年12月現在）

も　く　じ

第1章　膜を利用した水再生技術の時代 …………………1

1.1　はじめに　1
1.2　流域における水利用と膜の利用　2
1.3　生活排水・下水処理水の再利用におけるわが国の動向　6
1.4　排水の循環利用のための基準　8
1.5　膜分離技術の歴史　11
1.6　膜分離技術の適用場所と処理プロセス　13
1.7　おわりに　15

第2章　膜分離技術の基礎 ……………………………19

2.1　膜の種類　19
　　孔径による分類／膜素材による分類／膜構造による分類
2.2　膜分離の基本原理　30
　　MF膜, UF膜, NF膜, RO膜の分離対象について／MF膜・UF膜の透過機構／濃度分極現象
2.3　膜モジュール形式の種類　33
　　中空糸／スパイラル／平膜／チューブラー
2.4　メンブレンバイオリアクター（MBR）について　38
2.5　運転方法　41

v

ろ過工程／物理洗浄／化学洗浄（薬品洗浄）
2.6　その他　43

第3章　膜分離活性汚泥法の基礎　…………………………45

3.1　基本的原理　45
3.2　膜分離活性汚泥法の適用　48
3.3　窒素除去プロセスへの適用　54
3.4　りん除去プロセスへの適用　57
　　凝集剤添加による方法／生物学的りん除去による方法
3.5　プロセス設計の考え方　60
　　前処理設備／流量調整タンク／生物反応タンク／膜モジュール／消毒／洗浄設備／その他の設備／池数の考え方
3.6　膜分離活性汚泥法の運転管理手法　70
　　膜差圧の管理／MLSS濃度の管理／膜洗浄／膜の交換／その他

第4章　生活排水処理への適用　…………………………77

4.1　ビル排水再利用への適用　77
　　ビル排水再利用分野への膜技術の導入背景と導入状況／ビル排水再利用分野への膜適用事例
4.2　し尿処理への適用　83
　　し尿処理分野への膜導入の背景と導入状況／し尿処理分野へ適用された膜技術の概要／し尿処理分野への膜適用事例

4.3 浄化槽への適用　89
浄化槽分野への膜導入の背景と導入状況／浄化槽分野への膜適用事例

4.4 農業集落排水への適用　95
農業集落排水処理分野への膜導入の背景と導入状況／農業集落排水処理分野へ適用された膜技術の概要／農業集落排水処理分野への膜適用事例

4.5 下水処理への適用　101
下水処理分野への膜技術導入の背景と導入状況／下水処理分野へ適用された膜技術の概要／下水処理分野への膜適用事例

4.6 海外での適用例　110
Nordkanal Wastewater Plant（下水処理）／NEWaterプロジェクト（下水再利用）

第5章　産業廃水処理への適用　121

5.1 産業廃水処理の特徴と膜技術の適用　121

5.2 半導体製造廃水処理への適用　122
はじめに／セラミック膜概要／CMP廃水の膜ろ過特性／設備概要

5.3 火力発電所廃水処理への適用　127
発電設備系統排水および排ガス処理設備系統排水処理／貯炭場廃水の再利用

5.4 食品廃水処理への適用　137
膜分離装置／醤油工場廃水処理／菓子製造工場廃水処理／でんぷん工場廃水処理

もくじ

第6章 新たな分野への膜技術の適用……………147

6.1 最終処分場浸出水処理への応用　147
最終処分場浸出水処理への膜技術の適用／脱塩処理の意義／脱塩処理施設の事例-松山市横谷埋立センター

6.2 ダイオキシン類除去への応用　154
ダイオキシン類処理への膜の適用／最終処分場浸出水処理におけるダイオキシン類除去の事例／都市ゴミ清掃工場におけるダイオキシン類除去の事例／焼却炉解体工事排水の再利用／適用に際する留意事項

6.3 凝集沈殿・UF膜による洗車排水の
再利用システム　163
実験的検討／まとめ

6.4 オゾン耐性膜の下水再生システム
への応用　169
新しい下水再生システム／実用例-東京都下水道局芝浦水再生センター下水再生施設／おわりに

水の再利用Q＆A ……………………………177

第1章 膜を利用した水再生技術の時代へ

1.1 はじめに

わが国においては，水資源は比較的潤沢であるといわれていますが，地域的なばらつきがあります．福岡や沖縄などでは慢性的な水不足に悩まされており，海水の淡水化も既に実施されています．また，自然の水資源量に対して水需要量が多い大都市などでは，水資源をダムや長距離の導水路などに頼らざるを得ません．東京や横浜などもこの例に当てはまります．さらに，資源の有効利用への意識の高まりなどから，生活排水などを再利用し，水路などの親水用水やトイレのフラッシュ用水などとして利用する例も増えています．工場・事業場などでは，主に用水供給と排水に関わるコスト縮減を目的として，既に水の循環利用が進んでいます．

一方，特に大都市域における水の高度かつ高密度な利用に伴って，浄水あるいは排水処理プロセスも高度化が求められるようになっています．これらを背景に，膜分離技術がその優れた処理特性から，あらゆる水処理過程へ適用され始めています．ここでは，水循環型社会における膜技術の位置づけの現状と将来展望について概観します．

1.2 流域における水利用と膜の利用

図 1.1 は，流域における水利用の流れを大まかに表したものです（典型的な例を表したもので，必ずしもこのとおりというわけではありません）．図中，灰色に着色されているところが広い意味での水処理施設（あるいは水質変換施設・設備）ですが，これらにはいずれも膜処理技術が適用されています（検討中の施設を含みます）．

河川流域の上流（農村域）では，農業用水の取水とともに，農業由来の排水あるいは畜産排水が河川に排出されます．簡易水道などの小規模水道では地下水が水源として利用されることが多く，生活排水の処理施設も，農村集落排水処理施設など小規模なものが多くなっています．畜産排水処理施設，小規模排水処理施設には既に膜分離法（膜分離活性汚泥法）の適用が進んでいます．一方，地下水を塩素消毒のみで供給していた浄水場に対する膜浄水の適用は，クリプトスポリジウム対策としての位置づけから，近年ますます進んでいます．

下水道未普及地域では，し尿や生活雑排水の処理は，浄化槽やし尿処理場でなされます（浄化槽から発生する汚泥は，し尿処理場で処理されます）が，両施設においても膜分離活性汚泥法，あるいはこれに凝集沈殿などを組み合わせた処理方法が適用されています．

工業プロセスを含む都市域における水の流れは複雑ですが，既に工場などの事業場における用水供給，排水リサイクル，排水処理において膜の利用が進んでいます．原水水質が比較的悪い下流の表流

1.2 流域における水利用と膜の利用

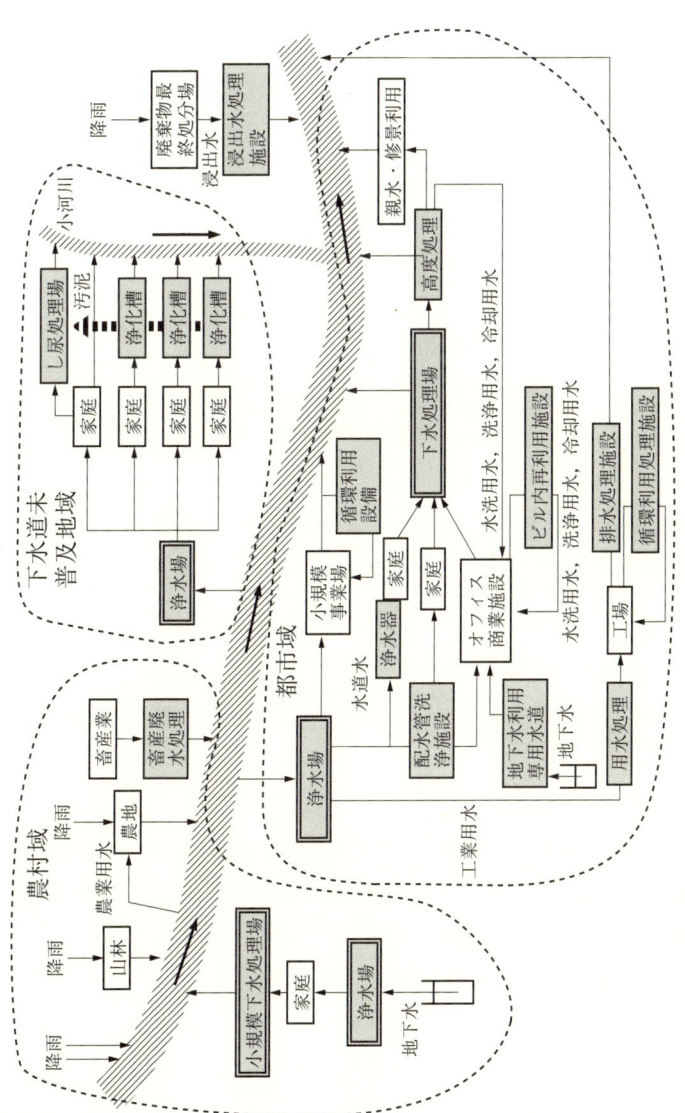

図 1.1 水循環系における水の流れと膜分離技術の適用場所（灰色箇所が膜分離技術の適用可能な場所）

3

図 1.2　地下水利用専用水道システム

水を取水する大規模浄水場における膜利用は,海外では事例がありますが,わが国ではこれからという段階です.その一方で,深層地下水を取水し,膜処理の後に大規模商業施設,病院など大口水道ユーザーに飲料水を供給する地下水利用専用水道(図1.2)の普及が進んでいます.また,蛇口に設置する家庭用浄水器は,末端浄水設備と位置づけられますが,多くの型は,粒状活性炭と精密ろ過膜を組み合わせたものです.さらに,水道の配水管網においては,砂,ダクタイル鋳鉄管のライニング剤が剥離した塗膜片や老朽化した無ライニング管から発生する赤錆などの夾雑物の除去作業(洗管作業)が必要ですが,これらの除去にストレーナと膜を組み合わせたシステムを利用しようという試みもなされています[1].

通常の標準活性汚泥法などの処理プロセスの後段に高度処理を付加させ,処理水を修景用水,水洗用水などの用途で再利用する事例が増えています.図1.3は神戸市における下水処理水の修景用水利

1.2 流域における水利用と膜の利用

図1.3 神戸市ポートアイランド内中央公園（処理水を利用した池）

図1.4 ビルの地下に設置された再利用目的の膜分離モジュール

用の例を示したものです．親水用水用途のために膜分離を用いた例はまだありませんが，東京の芝浦水再生センターでは，下水二次処理水に対して，オゾン処理と膜分離を行い，ビルのトイレフラッシュ用水や散水用水として利用しています．また，ビル内において膜

5

を用いて排水を再利用し，水洗用水として利用している例は多く見られます．

小規模事業場における水再利用に関する新しい試みとして，ガソリンスタンドなどにおいて洗車排水から膜を利用してエマルジョンを除去して再利用するシステムが開発[2]されており，膜利用の新しい応用方法として評価されます．

廃棄物の最終処分場から発生する浸出水処理に膜が利用される例も増えています．一例としては，浸出水におけるダイオキシン除去として，塩化鉄(Ⅱ)による凝集→精密ろ過膜，のプロセスを採用している例をあげることができます．よく知られているように，ダイオキシンは疎水性が強く，水中では，微粒子に吸着した形で存在しているため，膜分離によって容易にこれを除去することができるのです．

 1.3 生活排水・下水処理水の再利用におけるわが国の動向

表1.1は，わが国における下水処理水の用途別再利用状況を示したものです．ここでいう下水処理水は，公共下水道などの下水道から排出される処理水で，ビル内における循環利用などは含まれていません．水洗トイレ用水などの用途はまだまだ少なく，河川維持用水などがほとんどを占めています．

既に説明したとおり，ビルにおける処理水再利用としては，外部の下水処理場から供給されるケースの他に，ビル内に設置された処理施設において，主に厨房排水などの雑排水を浄化し，水洗用水と

1.3 生活排水・下水処理水の再利用におけるわが国の動向

表 1.1 下水処理水の用途別再利用状況（平成 16 年度）[3]

	再利用量（万m³/年）	処理場数
修景用水	4 483	72
親水用水	552	19
河川維持用水	6 005	8
融雪用水	4 456	26
水洗トイレ用水	626	42
農業用水	1 143	20
事業所・工場への直接供給	1 812	45
工業用水道への供給	251	4
植樹帯・道路・街路・工事現場の清掃・散水	40	151
合計	約19 000	241

表 1.2 地方公共団体における建築物内における雑用水利用促進要綱等の例

	延べ床面積（m²）	1日最大（計画1日平均）使用水量（給水量）（m³/日）	要綱・指針名
大阪市[*1]	>5 000	>1 000	大規模建築物の建築計画の事前協議に関する取扱要領（1974 年）
福岡市	>5 000	—	福岡市節水推進条例（2003 年）
東京都	>10 000	—	水の有効利用促進要綱（2003 年）
埼玉県南水道企業団	—	>130	雑用水の利用促進に関する要綱（1988 年）
千葉県[*2]	>30 000	>300	雑用水の利用促進に関する指導要綱（1996 年）
香川県	>10 000	—	香川県雑用水使用促進指導要綱（1998 年）

注） *1 両条件は共に満たす必要あり．
　　 *2 両条件はどちらかを満たせばよい．

して利用することが広く実施されていますが，水資源が逼迫している地域では，表 1.2 に示すように地方公共団体によって建築物内における雑用水利用促進要綱などが定められており，建物内における水再利用を促進させる原動力となっています．

1.4 排水の循環利用のための基準

再利用を考えるときに考慮すべき水質項目は以下のように分類できます．

① 衛生学的安全性に関する指標（大腸菌群，残留塩素）
② 外観などの感覚に関する指標（濁度，色度，外観，臭気）

衛生学的な安全性に関する指標は，水洗用水など，たとえ飲料などとして直接口に入ることがない用途でも，飛沫となって人体が摂取する可能性があるために，定められています．また，特に再利用水の原水が下水などであることを考慮すると，外観や色，濁りなど感覚に関する指標はきわめて重要であるといえます．

表 1.3 は，わが国における下水などの再利用水の水質基準です．表には参考として，水道水質基準において対応する項目を載せています．再利用水の基準は，下水道から供給される再利用水に関する『下水処理水の再利用水質基準等マニュアル』と，特定建築物内において適用される，『建築物内における衛生的環境の確保に関する法律』（通称：ビル管理法）の2本立てとなっています．

前者は，下水処理場から再利用水を利用するユーザーへ水が引き渡される責任分界点における基準となっており，いわば下水処理場サイドが供給元として守るべき基準となっています．一方，後者は，

1.4 排水の循環利用のための基準

表 1.3 再生水利用に関する基準（比較のため、水道水質基準の一部などを掲載）

用途	下水処理水の再利用水質基準等マニュアル (2005)			建築物における衛生的環境の確保に関する法律および同施行令, 同施行規則		冷却塔および加湿装置に供給する水	水道水質基準
	水洗用水	散水用水	修景用水	親水用水	水洗用水	散水、修景、清掃		飲料水
大腸菌	不検出	不検出	（大腸菌群 1 000 個/100mL 以下）	不検出	不検出			不検出
濁度		2 度以下			—	2 度以下		2 度以下
pH		5.8〜8.6			5.8〜8.6			5.8〜8.6
外観		不快でないこと			ほとんど無色透明であること			
色度	—	—	40 度以下	10 度以下	—	—	水道水質基準に適合する水を用いる	5 度以下
臭気		不快でないこと			異常でないこと			異常でないこと
残留塩素	遊離 0.1mg/L 以上	遊離 0.1mg/L 以上	—	遊離 0.1mg/L 以上	遊離 0.1mg/L 以上		遊離 0.1mg/L 以上
	結合 0.4 mg/L 以上	結合 0.4 mg/L 以上		結合 0.4 mg/L 以上	結合 0.4 mg/L 以上		結合 0.4 mg/L 以上
施設	砂ろ過または同等以上の機能を有する施設を設ける				—			—
原水		—			し尿を含む水を原水として用いないこと		—	—

＊延べ床面積 3 000m² 以上の事務所などの建物内に適用。

建築物内において使用される水の基準を示しており、ユーザーとして守るべき基準となっています．再生水に求められる水質は、色度を除いた、大腸菌，pH，濁度，残留塩素などについては、水道水並みの水質が求められていることがわかります．

その一方で、2003年に『ビル管理法』が改正され、建物内の散水，修景，清掃の用途にし尿を含む原水を用いてはならないとされた点が注目されます．これは、そもそもビル管理法が、建築物内の衛生管理を目的として定められており、し尿を含む水を用いることは衛生上好ましくないという出発点に基づいていると思われます．また建物内の冷却塔、冷却水の補給水として、事実上水道水を利用しなければならなくなり、再利用水の用途が建物内でかなり限られるようになりました．

このあたりはかなり賛否の分かれるところで、下水処理水などの再利用を積極的に推進すべしという立場からは、そもそも水道原水にもし尿が含まれていることから全く不合理であると主張するでしょうし、人の健康・安全面を重視する立場からは、地域によるばらつきがあるとはいえ、わが国の水資源は全体に安定しており、安全面で問題が起こる恐れがある水を敢えて使わなくてもいいのではないかと主張するでしょう．

この両者は、厳格な数値的な基準を設け、それを守るような処理装置の設計や維持管理を行えば原水はなんでもよいという技術第一主義的な立場と、処理装置における事故などのリスクを考えれば、原水で規制する方が合理的という立場の違いともいえます．

しかし、ここで重要なことは、水中より微粒子を除去できる膜分離法を用いれば、少なくとも大腸菌，濁度という基準は容易に達成

1.5 膜分離技術の歴史

図1.5に膜開発の歴史の概略を示します．透析現象が発見されたのは1854年ですが，その後1900年代くらい以降，主に細菌などの除去用途でMF膜（膜の種類の詳細については次章参照）の開発が進みました．その後1950年代に入って海水淡水化を目的としてRO膜の開発が進み，1960年代より，UF膜の産業分野における適用が始まりました．わが国でも，1960年代以降膜およびその適用に関する検討が始まり，1979年に始まる膜法による下水再生利用技術開発（下水二次処理水への膜適用），1985年に始まるアクアルネッサンス'90計画による下水，排水処理への膜の適用研究，1991年からのMAC21計画による膜の浄水処理への適用研究等，産官学共同による大型プロジェクトが実施されてきました．

一方，排水処理分野における膜の適用の歴史を概観すると以下のようになります（文献5）より作成）．

- 1967年　　アメリカで膜分離活性汚泥法を小規模下水処理設備に適用（Dorr-Oliver社，13.6 m^3/日）．
- 1970年　　Denver近郊観光地Pikes Peakに膜分離活性汚泥法を適用して浄化槽を設置（同社）．
- 1979年　　大阪市水道局庁舎内でビル中水道実験（造水促進センタービル排水再生利用技術開発プロジェクト）．

第1章 膜を利用した水再生技術の時代へ

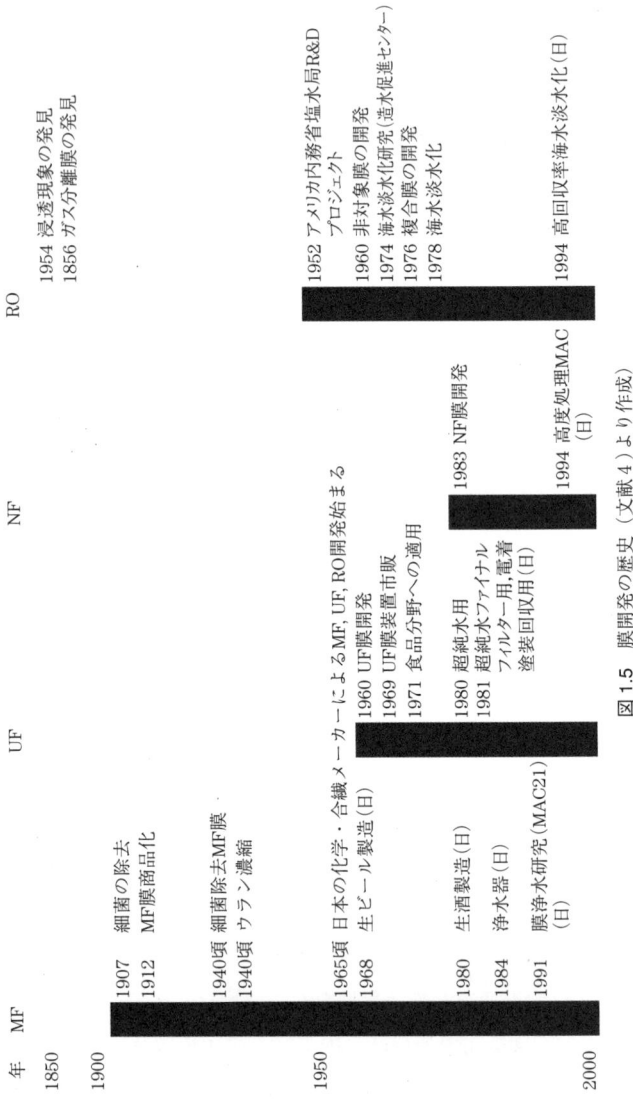

図 1.5 膜開発の歴史（文献 4）より作成）

- 1980 年　　UF モジュールによるクロスフロー膜分離活性汚泥法の実装置が稼働（500 m³/日）.
- 1985 年～ 1990 年　　アクアルネッサンス'90（水総合再生利用システムの研究開発）.
- 1986 年～　　ヒューマンサイエンス振興財団・膜を利用したし尿処理技術および安全性評価システムの開発.
- 1988 年　　わが国初の膜分離活性法によるし尿処理場（平膜型 UF 膜, 20 kL／日）運転開始（秋田県五城目町）.
- 1991 年　　膜の合併浄化槽個別評定が取得される.
- 1998 ～ 2003 年　　日本下水道事業団・膜分離活性汚泥法の下水処理への適用に関する共同研究.
- 2005 年　　公共下水道終末処理場への膜分離活性汚泥法の適用（福崎町, 2 100 m³／日）

　工業廃水処理，ビル中水道，浄化槽などの分野から膜の適用が始まり，近年ようやく公共下水道終末処理場への適用が開始され，今後のさらなる普及が期待されます.

1.6　膜分離技術の適用場所と処理プロセス

　以上述べたように，膜分離技術は流域内における水の流れの中で重要な位置づけを占めていますが，適用場所によって膜の種類［精密ろ過（MF），限外ろ過（UF），ナノろ過膜（NF），逆浸透膜（RO）］，他のプロセスとの組み合わせ方が異なります. **表 1.4** に，図 1.1 に示した膜分離技術の適用場所と代表的な処理プロセスを示します.

第1章 膜を利用した水再生技術の時代へ

表1.4 膜分離技術の適用場所と代表的な処理プロセス

	原水	除去対象物質	代表的な処理フロー
地下水利用浄水場	地下水	微生物,濁度	→MF/UF→
地下水利用専用水道処理施設*	地下水	微生物,濁度 鉄・マンガン	→凝集→砂ろ過→MF/UF→
表流水利用浄水場	河川水	微生物,濁度	→凝集→砂ろ過→MF/UF→
配水管洗浄施設*	水道水	赤錆,砂,塗膜片	→ストレーナー→MF→
浄水器	水道水	臭気物質,残留塩素	→粒状活性炭→MF→
工業プロセス用水処理施設	工業用水等	濁度,溶解物質	→MF/UF→RO→
小規模下水処理場	生活排水	微生物,有機物,N,P	→活性汚泥→MF/UF→
浄化槽	生活排水	微生物,有機物	→活性汚泥→MF/UF→
大規模下水処理場	生活排水	微生物,有機物,N,P	→活性汚泥→MF/UF→
下水二次処理水高度処理	下水二次処理水	濁度,色度	→MF/UF→RO→オゾン→MF→
畜産廃水処理施設	畜産排水	有機物,N,P	→活性汚泥→MF/UF→
工場廃水処理施設(食品排水)	工場廃水	有機物	→活性汚泥→MF/UF→
し尿処理場	し尿浄化槽汚泥	微生物,有機物,N,P,	→活性汚泥→MF/UF→凝集→MF/UF→
ビル内再利用施設	生活排水厨房排水	濁度,色	→油分除去→活性汚泥→MF/UF→
工場循環利用処理施設	工場廃水	有機物,濁度,溶存物質等	→MF/UF→RO→
小規模事業場循環利用施設(洗車用水)*	洗車排水	濁度,エマルジョン油分	→凝集→UF→粒状活性炭→
浸出水処理施設*	浸出水	塩類,ダイオキシン類	→硬度除去→凝集→MF/UF→

注) *比較的新しい適用場所と考えられるもの

膜分離の位置づけを理解するため,消毒のための塩素添加などは省略するなど簡略化し,あくまで除去対象物質と目的を理解できるよう代表的と思われるフローのみを示しました.

大別すると,①浄水システムに見られるように,場合によって凝集プロセスと組み合わせ,膜の固液分離特性をそのまま利用して,除去対象物質を除去するシステム,②活性汚泥プロセスと組み合わせ,生物フロックの分離手段として沈殿池の代わりに膜を利用するシステム,に分けられます.

1.7 おわりに

わが国では地域的なばらつきがあるものの,概して水資源が豊富であると考えられています.図1.6は,わが国における水道水源の割合を示したものですが,これをみると,水資源が豊富であるということは,ダムに大きく依存している故の話であることが理解され

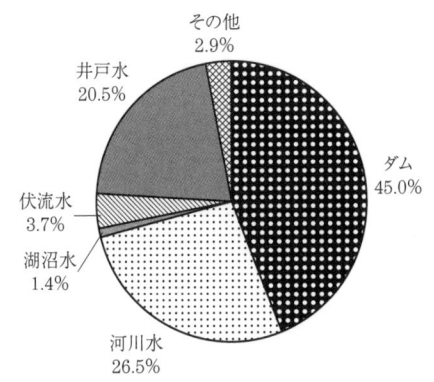

図1.6 平成17年度におけるわが国の水道水源の割合[6]

ます.水の再利用を進めるためには,質や給水コストの面で,水道水などの利用を上回るメリットが必要であると考えられます.特に,工業プロセスやビル中水道における再利用プロセスの普及は,環境負荷低減という目的のほかに,コスト縮減の目的があったといえます.しかし,水の再利用を促進させるか否かの議論は,もっと広い意味をもっており,ダムに依存しながら比較的清澄な原水を豊富に利用するか,ダムに依存することなく,再利用を進めながら身近な水源を最大限利用するか,の選択であるといえましょう.

また,意図的な再利用をせずとも,膜処理などによって処理水を高度に処理した後,河川などの公共用水域水に戻すことは,河川を水遊び,水浴などの用途に利用することを可能とするわけですし,このような水環境が改善されることの便益は正当に評価されるべきと思われます.その意味では,現在の下水処理水などの排水基準をより厳しくすることも必要であると思います.

これらの状況を考慮しながら,大局的な見地からこれからの水政策を考え,処理システムの選択について議論する時期に来ているといえましょう.

参考文献

1) 小泉,藤原,長岡,藤代,沼田,佐藤:管内水質改善および排水量低減のための濁質除去システムの開発,第57回全国水道研究発表会講演集,352-353,2006.
2) 浜田,宮崎:凝集沈殿・限外ろ過膜・活性炭処理を組み合わせた洗浄排水の再利用,第6回日本水環境学会シンポジウム講演集,10-11,2003.
3) 国土交通省土地・水資源局水資源部:平成19年度版日本の水資源,2007.
4) 膜分離技術振興協会,浄水膜セミナー資料,2006.

5) 綾：膜分離技術の変遷―膜分離活性汚泥法を中心として―, 水環境学会誌, 2-7, 22巻, 4号.
6) 日本水道協会ホームページ・水道資料室 (http://www.jwwa.or.jp/shiryou/water/water.html)

第2章 膜分離技術の基礎

2.1 膜の種類

(1) 孔径による分類

分離膜には膜の孔径の大きさ順に，精密ろ過（MF：Microfiltration）膜，限外ろ過（UF：Ultrafiltration）膜，ナノろ過（NF：Nanofiltration）膜，逆浸透（RO：ReverseOsmosis）膜の4種類の膜があります．

一般的にはMF膜以下の細孔径を有するものを「膜」と呼んでいます．これらの膜の大まかな分類を図2.1に示します．

また，これらの分類とは別に膜分離技術振興協会が水道用膜モジュールの膜を表2.1のように分類しています．

通常，MF膜は孔径で分離性能を表示しますが，UF膜は孔径表示ではなく，分画分子量という数値で分離性能を表示します．一般的に，分画分子量とはその分子量の対象物質を90％程度阻止できる分離性能を意味します．

分画分子量は図2.2に示すような分画分子量曲線から求められます．分画分子量曲線とは，横軸に溶質の分子量，縦軸に阻止率をとったもので，例えば，図2.2の場合は分画分子量8万のUF膜とい

第 2 章　膜分離技術の基礎

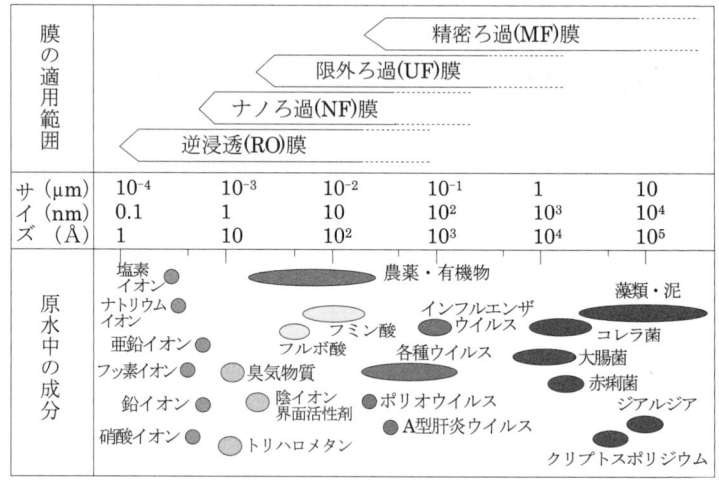

図 2.1　水中含有有機物の大きさと膜の適用範囲 [1]

表 2.1　水道用膜モジュールの区分

	分離能力区分
水道用大孔径ろ過膜	おおむね 2 μm 以下
水道用 MF 膜	0.01 μm 超～
水道用 UF 膜	NaCl 除去率 5 % 未満～0.01 μm 以下
水道用 NF 膜	NaCl 除去率 5 % 以上～93 % 未満
水道用 RO 膜	NaCl 除去率 93 % 以上～
水道用海水淡水化 RO 膜	NaCl 除去率約 99 % 以上～

うことになります．

また，MF膜の孔径評価もUF膜同様，あらかじめ大きさのわかっている粒子を用いて粒子の漏れを測定し，孔径分布を求める方法が一般的ですが，この方法以外に水銀圧入法，バブルポイント法，エアーフロー法などがあります．

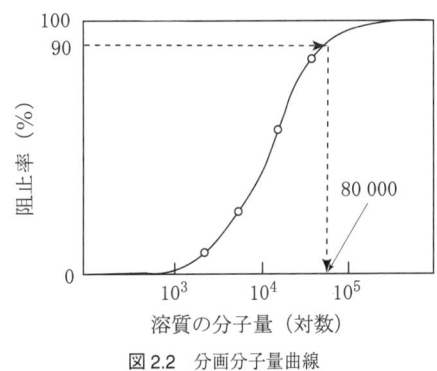

図 2.2　分画分子量曲線

ところで，このUF膜の分画分子量曲線からも明らかなように，UF膜もMF膜も均一な孔径ではなく，ある程度の分布をもっています．UF膜とMF膜の違いは，コロイド状物質や溶解性高分子の一部を除去することができる点にあります．また，ウイルス除去の有無でMF膜とUF膜を区分する考え方もあります．

ただし，膜の分離能力区分は明確なものではなく，図2.1，表2.1いずれの分類も用いられています．

　　　　（注）水道用UF膜モジュールでは分画分子量とともに孔
　　　　　　径も併記して表示されています．

(2) **膜素材による分類**

膜の材質は大きく有機膜と無機膜とに分けられ，有機膜にはポリエチレン，ポリプロピレン，ポリフッ化ビニリデン（PVDF），ポリサルフォン，ポリエーテルサルフォン，酢酸セルロースなどがあります．無機膜にはアルミナ系などがあります．

第2章 膜分離技術の基礎

有機膜の原料となる合成樹脂は熱可塑性樹脂と熱硬化性樹脂に分類されます．

熱可塑性樹脂とは，加熱すると溶けて液体になり，常温では固体になる性質をもった樹脂のことです．また，熱硬化性樹脂とは，加熱すると硬化し，一度固まってしまうと再び加熱しても軟化溶融しない性質をもった樹脂のことです．

さらに，熱可塑性樹脂は，汎用樹脂，汎用エンジニアリング樹脂，スーパーエンジニアリング樹脂に分類されます．

汎用エンジニアリング樹脂とは，100℃以上の熱で変形する熱可塑性樹脂のことであり，スーパーエンジニアリング樹脂とは，150℃以上の高温でも長期間使用できる特性を持つ熱可塑性樹脂のことです．また，熱可塑性樹脂は，さらに結晶性樹脂と非結晶性樹脂に分かれます．

結晶性樹脂は，融点以下の温度では，高分子鎖が規則正しく配列する性質のある，熱可塑性樹脂の総称です．融点が高いほど，耐熱性に優れています．

非結晶性樹脂は熱を加えることにより，ガラス転移温度以下の固化した状態においても，高分子鎖が，規則正しく配列しない性質のある熱可塑性樹脂の総称です．ガラス転移温度[†]が高いほど，耐熱性に優れます．

結晶性樹脂の特徴は，不透明で，高い耐熱性・耐溶剤性，高剛性，高硬度にありますが，もろい，割れやすい，そりやすい，収縮率が大きいという特性があります．

[†] ガラス転移温度：ガラス状からゴム状状態になる温度

2.1 膜の種類

表 2.2 熱可塑性樹脂と熱硬化性樹脂の分類

熱可塑性樹脂	汎用樹脂	結晶性樹脂	ポリオレフィン系［ポリエチレン(PE)* ポリプロピレン (PP)*］
		非結晶性樹脂	ポリスチレン (PS)
			アクリロニトリル/スチレン樹脂 (AS)
			アクリロニトリル/ブタジエン/スチレン樹脂 (ABS)
			メタクリル樹脂 (PMMA)
			塩化ビニル (PVC)*
			酢酸セルロース (CA)*
	汎用エンジニアリング樹脂	結晶性樹脂	ポリアミド (PA)
			ポリアセタール (POM)
			超高分子量ポリエチレン (UHPE)
			ポリエチレンテレフタレート (PET)
			ポリブチレンテレフタレート (PBT)
			GF強化ポリエチレンテレフタレート (GF-PET)
			ポリメチルペンテン (TPX)
			シンジオタクチック・ポリスチレン (SPS)
		非結晶性樹脂	ポリカーボネイト (PC)
			PC変性ポリフェニレンエーテル (PPE)
	スーパーエンジニアリング樹脂	結晶性樹脂	ポリフェニレンサルファイド (PPS)
			ポリエーテルエーテルケトン (PEEK)
			液晶ポリマー (LCP)
			ポリテトラフロロエチレン (PTFE)*
			ポリフッ化ビニリデン (PVDF)*
			ポリエーテルニトリル (PEN)
		非結晶性樹脂	ポリサルフォン (PSF)*
			ポリエーテルサルフォン (PES)*
			ポリイミド (PI)*
			ポリアミドイミド (PAI)
			ポリエーテルイミド (PEI)
			ポリアリレート (PAR)
熱硬化性樹脂			フェノール
			尿素
			メラミン
			不飽和ポリエステル
			アルキッド
			エポキシ
			ジアリルフタレート

注) ＊：現在，分離膜として市販されている樹脂を示します．

非結晶性樹脂の特徴は，耐溶剤性には劣りますが，透明で，柔軟・強靭，割れにくい，そりが少ない，収縮率小さいなどの特性があります．

有機膜素材の代表としてポリエチレン，ポリプロピレン，PVDF，ポリサルホン，ポリエーテルサルホン，酢酸セルロースについてその構造式と特徴を簡単にまとめると次のようになります．

① ポリエチレン　　数千以上のエチレン単位が結合することによってつくられる，非常に長い鎖のアルカン分子の総称．軟化点は高くはありませんが，化学的に安定で耐薬品性にすぐれ，耐衝撃性・耐寒性・耐水性・耐電性にすぐれています．疎水性．

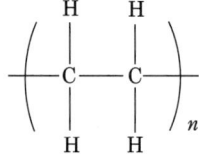

② ポリプロピレン　　外見はポリエチレンに似ていますが，もっと硬質で引っ張りに対する強さがあります．また比重も 0.9 〜 0.92 と汎用プラスチックの中では最も軽いのも特徴です．ポリエチレンよりは耐熱性は高く，絶縁性が高く薬品にも強いという性質を持っています．疎水性．

③ PVDF　　広い温度範囲での強靭な機械的性質，抜群の耐候性，耐紫外線性，良好な耐薬品性，耐溶剤性，高い耐熱性などの特

徴を持っています．疎水性．

$$\left(\begin{array}{cc} H & F \\ | & | \\ -C-C- \\ | & | \\ H & F \end{array}\right)_n$$

④ ポリサルフォン　　きわめて優れた成形性を有し，高温で成形されても分子量の低下がありません．酸やアルカリ，沸騰水や加熱スチームにも侵されません．疎水性．

$$\left[-\bigcirc-\underset{CH_3}{\overset{CH_3}{\underset{|}{\overset{|}{C}}}}-\bigcirc-O-\bigcirc-SO_2-\bigcirc-O-\right]_n$$

⑤ ポリエーテルサルフォン　　熱可塑性樹脂の中ではテフロンに次ぐ高い耐熱性を有します．非結晶性樹脂で，特に高温下での機械的強度が優れています．疎水性．

$$\left[-\bigcirc-SO_2-\bigcirc-O-\right]_n$$

⑥ 酢酸セルロース　　酢酸セルロースは，酢酸とセルロースを原料として製造される半天然性樹脂で，耐薬品性，耐熱性，難燃性に優れています（下記に示す分子構造式は３酢酸セルロースと呼ばれるものです）．親水性．

$$\left\{ \begin{array}{c} \text{CH}_2\text{OR} \\ \text{H} \quad \text{O} \\ \text{H} \\ \text{OR} \quad \text{H} \\ \text{H} \quad \text{OR} \end{array} \begin{array}{c} \text{H} \quad \text{OR} \\ \text{O} \\ \text{OR} \quad \text{H} \\ \text{H} \quad \text{H} \\ \text{CH}_2\text{OR} \end{array} \right\}_n$$

R：CH$_3$CO

　有機膜の製法には，相転換法，延伸法，界面重合法などがあり，無機膜には焼結法などがあります．UF膜と一部のMF膜は相転換法で製造されますが，MF膜は溶融延伸法で製造されることが多いようです．

　相転換法には，高分子物質を溶媒に溶解させ（高分子溶液），その後，非溶媒との接触によってゲル化を生じさせ，その過程で空隙を形成させる方法（溶液製膜法）と非溶媒を使用せずに，高分子溶液を急冷することによって相分離と固化を行う方法（溶融製膜法）があります．また，溶融延伸法とは原料ポリマーを融点以上の温度で熱溶解させ，その後延伸し，スリット状の細孔を形成させる方法です．

　これらの製膜技術の違いによって，膜の強度，透水性能，コストなどが異なってきます．

　膜開発で最も重要なことは，これらの膜特性のバランスにあり，特定の項目が非常に優れていてもバランスの取れていない膜は実用的ではありません．参考までに，相転換法（溶液製膜法）での中空糸膜の製造プロセス例を図2.3に示します．

　製法に応じて製造される膜の種類や形態も異なっています（**表**

2.1 膜の種類

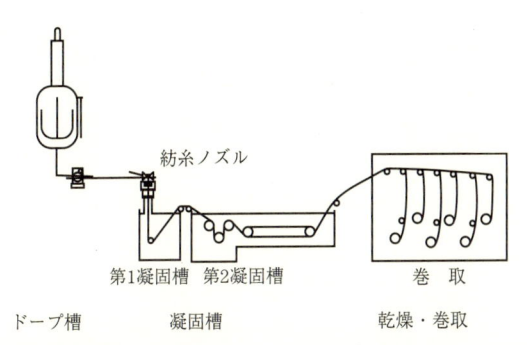

図 2.3 相転換法（溶液製膜法）による中空糸膜製造プロセス例

表 2.3 有機膜の製膜方法と膜構造・膜の種類

製膜方法			膜構造	膜の種類			
				MF	UF	NF	RO
相転換法* （相分離法）	溶液製膜法	乾式法	対称膜	◯	◯	◯	◯
		乾湿式法	非対称膜*	◯	◯	◯	◯
		湿式法	非対称膜*	◯	◯	◯	◯
	溶融製膜法		対称膜/非対称膜	◯	◯		
微細孔形成材抽出法			対称膜/非対称膜	◯	◯		
溶融延伸法*			対称膜*/非対称膜	◯			
電子線照射・エッチング法			対称膜	◯			
複合膜製膜法*	ポリマーコート法		複合膜		◯	◯	◯
	モノマー重合法		複合膜			◯	◯
	界面重合法		複合膜*			◯	◯

注） ＊：一般的な製膜方法，膜構造を示します．

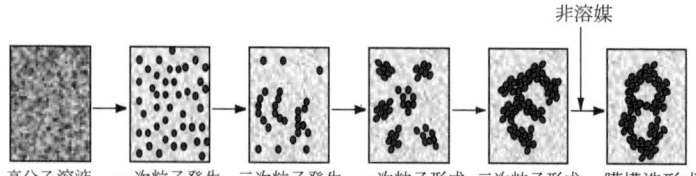

第2章 膜分離技術の基礎

図2.4 溶液製膜法（相転換法）による膜構造の形成

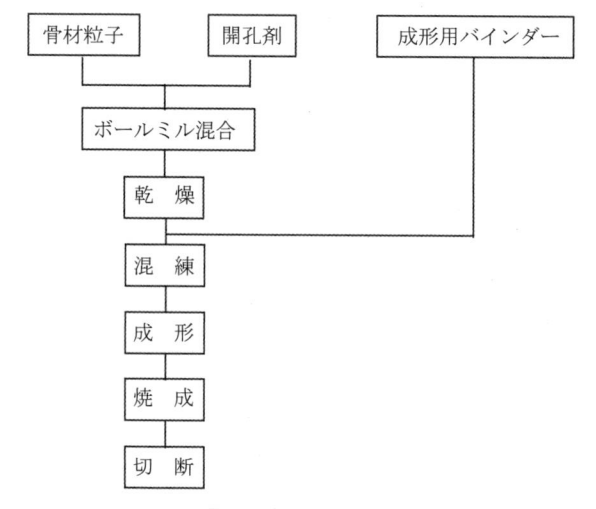

高分子溶液　一次粒子発生　二次粒子発生　一次粒子形成　二次粒子形成　膜構造形成

非溶媒

図2.5 無機膜の製法例

2.3)．

溶液製膜法（相転換法）による膜構造形成の変化の状態を図2.4に示します．均一な高分子溶液から徐々に高分子が分離し，会合していく様子がわかります．

無機膜は，図2.5に示すようにセラミック粒子などを湿式混練し，押出し成形などにより，成形・乾燥の後に焼成して製造されます．

2.1 膜の種類

図2.6 無機膜の表面（焼結法）

非対称膜の場合には，セラミック膜の基材を焼成後，膜孔径に応じたセラミック粒子などのスラリーをろ過チャンネル側に被覆し，再度，乾燥，焼成することにより，製造されます．

図2.6に無機膜の電子顕微鏡写真を示します．

(3) 膜構造による分類

膜構造は対称膜と非対称膜に分類されます（図2.7）．

対称膜とは膜断面構造が均一な膜であり，非対称膜とは断面方向の構造が異なる膜で，分離機能はスキン層と呼ばれる厚さの薄い緻密層とそれを支える支持層とから構成されています．

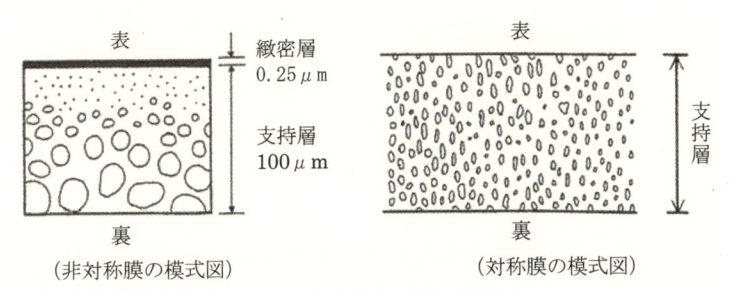

（非対称膜の模式図） 緻密層 $0.25\mu m$ 支持層 $100\mu m$

（対称膜の模式図） 支持層

図2.7 非対称膜と対称膜の構造

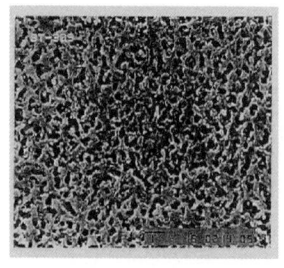

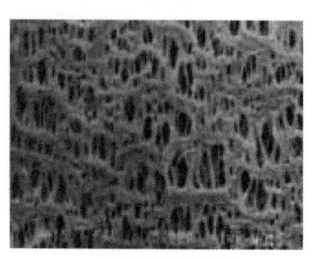

MF膜（相転換法）　　　　　　MF膜（溶融延伸法）

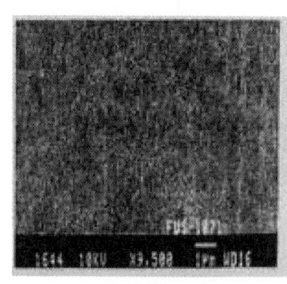

UF膜（相転換法）

図2.8　MF膜およびUF膜の電子顕微鏡写真例

　非対称膜は，膜のろ過抵抗がスキン層の部分のみなので，透水性能を制御することが比較的容易です．また，分画分子量の制御も同様に制御することが容易です．

　図2.8に各膜の電子顕微鏡写真を示します．

2.2　膜分離の基本原理

(1) MF膜，UF膜，NF膜，RO膜の分離対象について

　膜分離の基本原理は，MF膜，UF膜のような物質の大きさと膜

細孔径の大きさの違いによって物質を分離するものと NF 膜, RO 膜のように単純な膜細孔の分離だけではなく, 溶解 – 拡散現象などを利用した分離とがあります.

水再生用途にはこれらすべての膜が用いられるため, 使用する膜ごとの分離原理をある程度理解しておくことが重要です.

例えば, MF 膜は孔径の大きなものでも 0.4 μm 程度なので, 懸濁物質 (SS) や大腸菌などはほぼ完全に除去することができます. また, UF 膜は, SS や細菌などの粒子状物質だけでなく, 一部の溶解性高分子物質も除去することが可能です.

それらに対し, NF 膜, RO 膜は, イオンや溶解性有機物などの低分子物質を除去することができますが, 理論的には膜細孔径の大きさからすると SS の除去も可能です. しかし, NF 膜, RO 膜で SS 除去まで行うことは膜の急速な目詰まりを生じさせてしまいます.

重要なことは, 膜は決してオールマイティな処理技術ではなく, それぞれの膜の分離機能を理解したうえで, 適切に使いこなしていく工夫が必要であるということです.

(2) MF 膜・UF 膜の透過機構

透過流束とろ過抵抗の関係は, 以下の式で表されます.

$$J = \Delta P / (\mu \cdot R)$$

ここで, J：透過流束 (m/s), ΔP：膜差圧 (Pa), μ：粘度 (Pa·s), R：ろ過抵抗 (1/m).

本式から明らかなように, 透過流束は膜差圧に比例し, 水の粘度およびろ過抵抗に反比例します. 水の粘度は水温の関数であり, 水

温が低下しますと粘性は高まります.したがって,水温が低下すると同じ膜差圧でも透過流束は小さくなります.例えば,膜差圧が同じ場合,水温が1℃低下すると透過流束は2％低下します.

また,ろ過抵抗には複数の要因がありますが,これは以下の式で表現されます.

$$R = R_m + R_i + R_C$$

ここで,R_m：膜自体の抵抗（1/m），R_i：膜内部の目詰まりによる抵抗（1/m），R_C：膜面の堆積物による抵抗（1/m）.

まず,上式のR_mは,ろ過膜自体の有する抵抗であり,ろ過膜自体の抵抗が小さいほどろ過抵抗は小さくなります.R_iは,膜内部に侵入した物質（無機物や低分子有機物など）によるろ過抵抗（不可逆的膜ファウリングとも呼ばれます）を表し,R_Cは,ろ過膜表面に形成されるゲル層やろ過膜付近のゲル層やケーキ層によるろ過抵抗（可逆的膜ファウリングとも呼ばれます）を表します.

ろ過膜自体の抵抗は運転管理では制御できませんが,ゲル層やケーキ層堆積による目詰まりは運転管理である程度抑制できますので,これらを極力抑制するような運転方法の選定が重要になってきます.

(3) 濃度分極現象

膜には,機械的圧力を増加させても透過流束が増加しない現象があり,これを濃度分極現象と呼んでいます.これを説明する透過メカニズムとして,ゲル分極モデルがあります.ゲル分極モデルとは,膜の一次側（原液側）に溶質が蓄積し（濃度分極現象），ゲル層を形成し,この層の透過抵抗が大きくなることにより透過流束が増加し

なくなるモデルのことです．

濃度分極現象自体を模式的に表すと，**図2.9**のようになります．

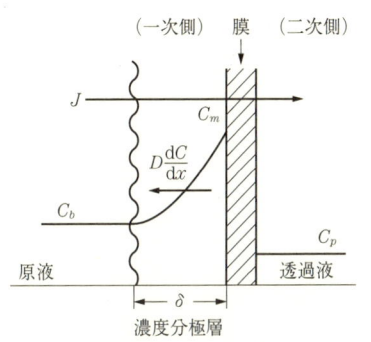

濃度分極現象とは，一次側の膜の近傍において，溶質の濃度勾配が生じる現象をいい，UF膜でよく見られる現象です．UF膜の場合，UF膜を透過することができない高分子物質が膜面で濃縮され，高分子物質の濃度層（境膜とも呼ばれます）が形成され，やがてこれがゲル化することがあります．このような現象が起こると，透過流束は著しく減少します．

ただ，UF膜の一次側にゲル層が形成されなくても，濃度分極現象により膜面の浸透圧が上昇し，これにより有効圧力が減少し，透過流束が増加しなくなるモデルもあり，これを浸透圧モデルと呼びます．

J ：透過流束
C_b ：原液中の高分子物質濃度
C_m ：膜面上の高分子物質濃度
C_p ：透過液中の高分子物質濃度

図2.9 濃度分極現象の模式図

2.3 膜モジュール形式の種類

膜モジュール形式には，中空糸型，スパイラル型，平膜型，チューブラー型，プレート＆フレーム型などがあります．それぞれの構造を**表2.4**に示します．

表2.4 各種モジュールの特徴

	スパイラル型	中空糸型(内圧式)	中空糸型(外圧式)	平膜(プレート&フレーム)型	チューブラー型
容積効率	大	大	大	中	小
洗浄性	難あり	良	良	良	良
逆圧洗浄	不可*	可	可	不可	不可
流路閉塞性	高い	低い	低い	低い	低い
膜交換作業性	良	良	良	難あり	難あり

注)最近,可のものもあり.

膜モジュールの製造工程には,製膜工程とモジュール化工程の2つの工程があり,各々,全く異なる技術から成り立っています.具体的には,有機膜の場合,製膜工程が高分子化学を基礎にして成り立っているのに対し,モジュール化工程は接着技術が中心となります.

したがって,機能性と経済性の両面から膜モジュール開発を行う必要があります.高性能の膜を作ることができても,モジュール化が困難ならば,実用性の低い膜モジュールとなる可能性があるからです.

(1) 中 空 糸

中空糸膜は中空状の構造をした膜であり,中空糸膜の外側から内側にろ過させる外圧タイプと,内側から外側にろ過させる内圧タイプとがあります(図2.11).

中空糸膜の断面構造を図2.12に示します.

この中空糸膜の場合,支持層の部分が2層に分かれていますが,

2.3 膜モジュール形式の種類

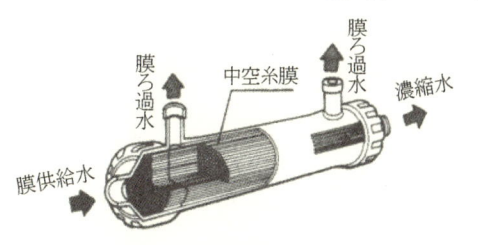

図 2.10 中空糸型膜モジュール

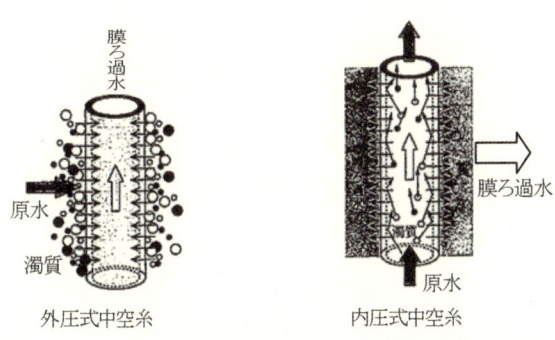

図 2.11 外圧式中空糸と内圧式中空糸

図 2.12 中空糸膜の断面写真例

スキン層だけでなく,支持層もまた様々な構造を持っています.

(2) **スパイラル**

スパイラル型膜モジュールは,平膜を封筒状に貼り合わせたものをのり巻き状に巻き込んだ膜モジュールです.

スパイラル型膜モジュールは,原水流路に乱流効果促進のためのスペーサーネットが入っています.そのため,やや SS が蓄積しやすく,除濁用途で使用するためには前処理の工夫が必要になります.ただし,FI(ファウリングインデックス)値[†]に代表される膜閉塞

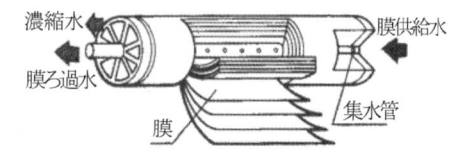

図 2.13 スパイラル型膜モジュール

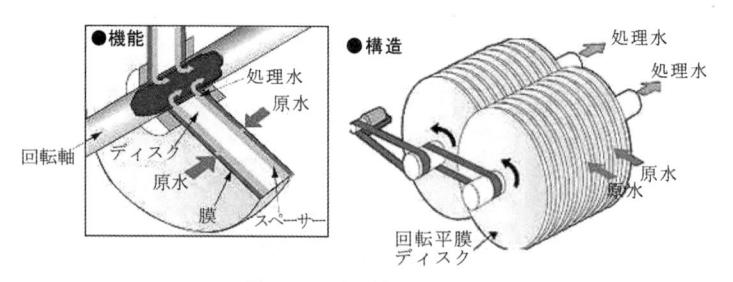

図 2.14 回転平膜モジュール

[†] FI(ファウリングインデックス)値:膜ろ過対象液が,膜にどの程度ファウリングを起こさせるかを推定する指標の一つ.孔径 0.45 μm の膜を用いて,圧力約 0.2 MPa で,検液を 15 分間ろ過します.初期および 15 分間経過時のろ過速度(F_0, F_{15})を測定し,次式によって算出される値が FI(ファウリングインデックス)値です.
$$FI = (1 - F_{15}/F_0) \times 100/15$$
一般的に NF / RO 膜モジュールに要求される FI 値は 3〜4 以下と言われています.

2.3 膜モジュール形式の種類

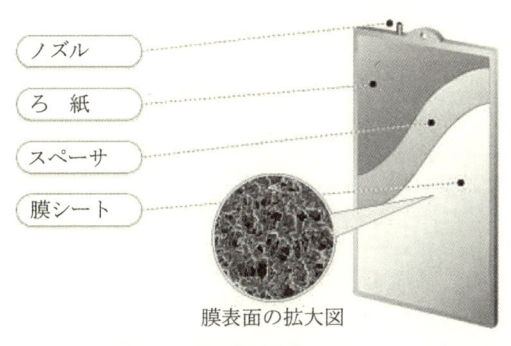

- ノズル
- ろ紙
- スペーサ
- 膜シート

膜表面の拡大図

図 2.15 槽浸漬型平膜モジュール

指標が基準値内であれば，NF 膜や RO 膜モジュールを用いることができます．

(3) 平　　　膜

　平膜は 2 枚のシート状の膜を貼り合わせたものであり，支持体にシート状の膜を貼ったタイプと，直接，シート状の膜同士を貼り合せたものとがあります．

　平膜には固定式のものと，回転体に平膜を貼り，回転平膜で使用するものがあります．

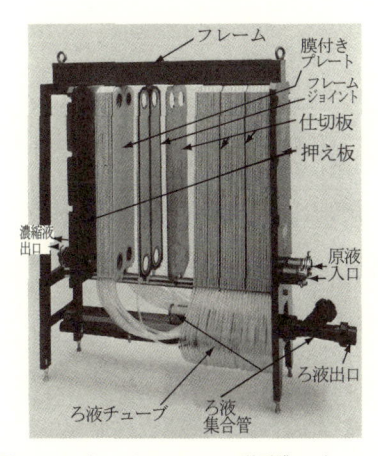

フレーム／膜付きプレート／フレームジョイント／仕切板／押え板／濃縮液出口／原液入口／ろ液出口／ろ液チューブ／ろ液集合管

図 2.16 プレート＆フレーム型平膜モジュール

　プレート＆フレーム型の平膜は古くから用いられているモジュー

37

ル形式であり，かつては乳業などの用途に多く利用されていました．プレート＆フレーム型や後述のチューブラー型は，前処理がある程度簡易であっても，そのまま処理できるという利点があります．

(4) チューブラー

チューブラー膜は，原水流路が 10 ～ 15mm と大きいため，懸濁物質を直接ろ過させても閉塞しにくいのが特徴です．UF 膜，RO 膜ともモジュール化されていますが，比較的高い圧力が要求され，空間効率もあまり高くはありません（図 2.17）．

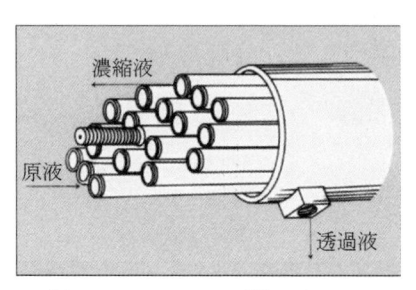

図 2.17 チューブラー型膜モジュール

2.4 メンブレンバイオリアクター（MBR）について

膜モジュール形式ではありませんが，活性汚泥処理と組み合わせて使用されるものを特にメンブレンバイオリアクター（MBR）と呼んでいます．

MBR は，1980 年代後半から，ビル中水と呼ばれるビル内排水の個別循環に利用され始め，この技術をさらに発展させ，し尿処理用途にも適用され始めました．その後，産業排水，農業集落排水処理，浄化槽，下水道にも適用され始め，いまや，排水処理に欠かせない

2.4 メンブレンバイオリアクター（MBR）について

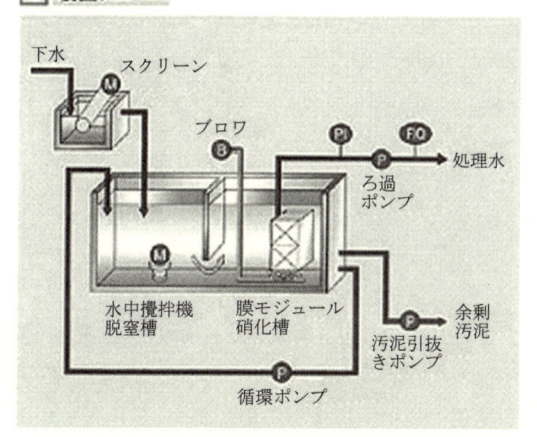

図2.18 膜分離活性汚泥法（MBR）のフロー例

技術となっています．

また，ビル中水にMBRが導入され始めた頃，通商産業省（現経済産業省）が研究開発を進めた『アクアルネッサンス'90』では，嫌気処理と膜分離を組み合わせたMBRの研究開発がテーマでした．

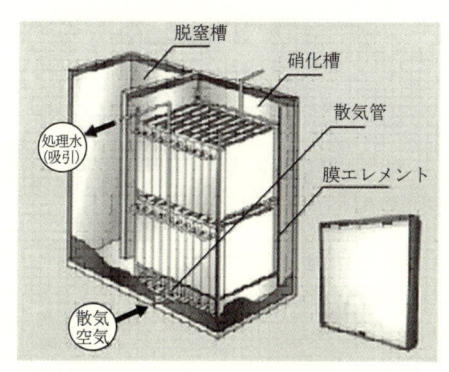

図2.19 チューブラー型膜モジュール

MBRに用いられる膜モジュールには，平膜，中空糸膜，チューブラーなどがあります．ただし，中空糸膜については，外圧タイプの中空糸膜が用いられることが多いようです．

図 2.20　槽浸漬型中空糸膜モジュール

図 2.21　槽外設置型膜モジュール例①

図 2.22　槽外設置型膜モジュール例②

また，この MBR 用の膜モジュールには，曝気槽内に膜モジュールを浸漬するタイプ（槽浸漬型）と曝気槽の外に膜モジュールを設置するタイプ（槽外設置型）とがあります（図 2.20～2.22）．

槽浸漬型の MBR はわが国において考案されたものであり，現在は海外でも槽浸漬型の MBR 用膜モジュールが主流となっています．

MBR は基本的には生物処理ですが，無機物質の除去には MBR の後段に NF 膜や RO 膜モジュールが用いられます．下排水などの再利用には NF や RO 膜モジュールも数多く利用されています．

わが国では，NF 膜や RO 膜モジュールを用いた再利用施設はま

表2.5 下水処理水再利用の事例

設置場所	膜施設	処理水量 (RO透過水：万m^3/日)
クウェート	UF+RO	31
アメリカ（オレンジ郡）	MF+RO	22
シンガポール	MF+RO	14

だ数も少なく，処理規模も大きくはありませんが，アメリカや中近東，東南アジアでは大規模な再利用施設が既に建設されています．

2.5 運転方法

(1) ろ過工程

分離膜の運転方法は，大きく分けてクロスフローろ過方式と全量ろ過方式とがあります．

クロスフローろ過方式とは，膜面に平行流を作りながら，部分的

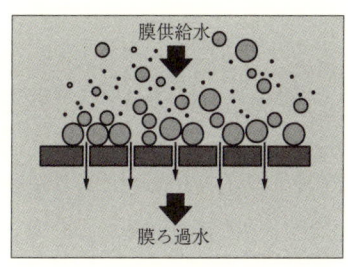

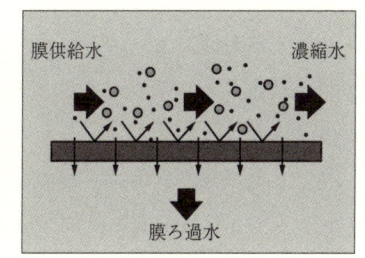

図2.23 全量ろ過方式とクロスフローろ過方式

にろ過を行う方式です．全量ろ過方式とは，膜面に垂直に原水を供給し，その原水を全量ろ過する方式です．

MF膜，UF膜モジュールは，クロスフローろ過方式と全量ろ過方式の両方式が可能ですが，NF膜，RO膜モジュールはクロスフローろ過方式のみです．浸漬型MBRの場合は曝気槽内に膜モジュールを浸漬しているため，ポンプ循環はありませんが，下部散気装置からのエアによって上昇流が形成されています．

ろ過工程で最も重要なことは透過流束の設定です．透過流束を高く設定することができれば必要な膜面積を少なくすることができ，イニシャルコストを低減させることができます．

しかし，透過流束を高く設定することは膜の目詰まりを加速させることになりますので，適切な透過流束の設定がろ過工程において最も重要なことです．

(2) **物 理 洗 浄**

膜の物理洗浄方式については，逆洗（水や空気）とエアスクラビングとがあります．

逆洗は，ろ過の水の流れとは逆方向に水または空気を流して膜面を洗浄する方法です．中空糸膜モジュールでよく用いられる方式ですが，最近，スパイラルモジュールや平膜の一部にも逆洗が可能なものが開発されています．

エアスクラビングとは，浸漬膜モジュールに用いられている洗浄方式であり，膜モジュールの下部に設置された散気装置からの空気によって，膜表面に付着した物質を除去する方法です．

MBRでは逆洗とエアスクラビングが併用されています．

(3) 化学洗浄（薬品洗浄）

膜ろ過・膜分離を継続すると，膜の目詰まり（ファウリング）という現象が生じます．通常は，これらの目詰まりは逆洗やエアスクラビングなどの物理洗浄で除去しますが，徐々に不可逆的に目詰まり物質が膜表面および膜内面に蓄積してきます．

これらを除去し，膜性能を初期の性能に回復させるために化学洗浄（薬品洗浄）が実施されます．化学洗浄に用いられる薬品としては，無機物を除去する薬品（酸など）と有機物や微生物を除去する薬品（次亜塩素酸ナトリウムなど）が用いられます．

薬品洗浄の頻度は，通常，年に数回程度ですが，透過流束を高く設定すると頻度は多くなります．つまり，薬品洗浄の頻度と透過流束とはトレードオフの関係にあります．

しかし，薬品洗浄は運転を停止させる工程であり，薬品洗浄後の廃薬液の処理も発生するため，頻度は少ないことが望ましいといえます．したがって，実施可能な薬洗頻度をまず定め，それに従って透過流束を設定することが多いようです．

MBRでは，インライン洗浄という簡易薬品洗浄が最近実施されています．インライン洗浄というのは曝気槽から膜モジュールを取り外さずに，曝気槽に浸漬したままで行う薬品洗浄のことです．

2.6 その他

2.2でも述べましたが，膜モジュールを長期間使用していますと，膜面に蓄積された様々な物質によってファウリングと呼ばれる膜閉塞現象が生じます．ファウリングの原因物質としては，有機性物質，

無機性物質のいずれも存在しますが，ファウリングが進行すると，透過流束が低下してきます．

このファウリング対策として，ケーキ層は洗浄用空気で膜表面への堆積を防止します．ゲル層や膜内部の目詰まりについては，前述の活性汚泥の代謝産物である EPS（extracellullar polymeric substance）がその主な原因であるとされています．EPS は，高分子の多糖類が主成分ですが，その膜表面への付着については，ファウリング制御の視点から多くの研究がなされており，EPS 量は，活性汚泥の運転条件にも大きく依存することが明らかになってきています．膜表面の形状も EPS の付着に影響します．膜表面のゲル層については，定期的な次亜塩素酸ナトリウムなどを用いる薬品洗浄によって除去します．

参考文献
1) 膜分離技術振興協会：浄水膜（第 2 版），技報堂出版，2008.
2) 膜分離技術マニュアル，アイピーシー，1990.
3) 熊野淳夫：膜分離技術振興協会；第 8 回浄水膜セミナー，2007.

第3章 膜分離活性汚泥法の基礎

3.1 基本的原理

膜分離活性汚泥法（MBR）は，通常の活性汚泥法において，沈殿池で重力沈殿により行われる固液分離工程をろ過膜によるろ過によって行うものです．ろ過膜自体は，排水中の有機物や栄養塩類の除去には直接寄与せず，有機物などの酸化，分解，還元などによる排水の浄化は，あくまでも活性汚泥微生物による生物反応により進行します．このため，本処理技術は活性汚泥法の一つとして位置づけられています．

図3.1に，活性汚泥法と膜分離活性汚泥法の処理フローを示します．膜分離活性汚泥法におけるろ過膜の役割は，あくまで固液分離ですが，単なる粒子成分の除去のみでなく，活性汚泥とろ過膜を組み合わせることで様々な利点が生まれます．活性汚泥の有する特徴として，フロックの形成とフロックによる汚濁物質の吸着効果があげられます．

活性汚泥微生物は，細胞外代謝物質（EPS）と呼ばれる多糖類を主な構成物質とする高分子有機物を分泌し，このEPSの粘着性によりフロックとしてまとまっています．このフロックには，細菌類

第3章 膜分離活性汚泥法の基礎

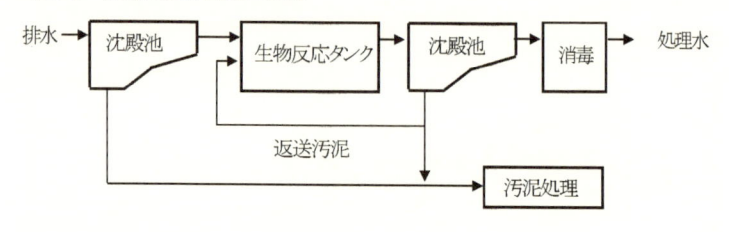

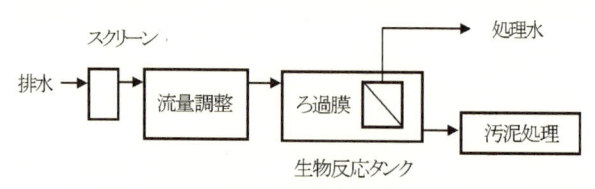

図3.1 活性汚泥法および膜分離活性汚泥法のフロー

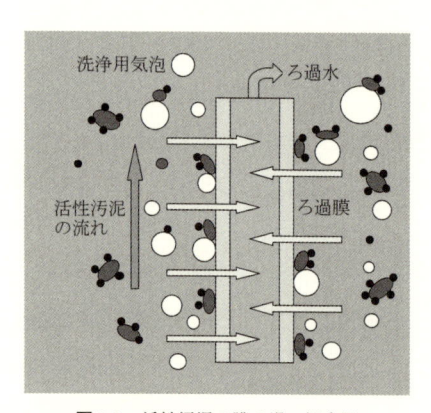

図3.2 活性汚泥の膜ろ過の概念図

をはじめ，これを捕食する原生動物や後生動物も生息し，微小なコロニーを形成しています．また，フロックは弱い負の電荷に帯電しているので，粘着性と荷電効果により排水中の微細な粒子を吸着する性質があります．

活性汚泥フロックが，ろ過孔を通過するような微細な粒子まで吸着するため，膜分離活性汚泥法では，膜孔径よりも小さい粒子も阻止されるという効果が得られます．

ろ過膜による活性汚泥のろ過の概念図を，**図3.2**に示します．本

図は，ろ過膜表面を気泡で洗浄する浸漬型膜分離活性汚泥法を想定したものです．下水を直接ろ過する場合には，前述したような活性汚泥フロックによる微細粒子の凝集効果が期待できないため，微細粒子がろ過膜孔内まで到達し，閉塞を引き起こしやすくなります．したがって，膜分離活性汚泥法は，活性汚泥による生物処理および凝集効果とろ過膜によるろ過効果を効果的に組み合わせた水処理技術であると言うことができます．

また，重力沈殿による固液分離の場合，沈殿分離が可能な固形物負荷には限界があり，汚泥濃度が高くなると固液分離が困難になるため，4 000 mg/L 程度が反応タンク MLSS 濃度の上限ですが，膜分離活性汚泥法の場合には固形物負荷による制限がないため，重力沈殿の場合と比較して反応タンク MLSS 濃度を高く運転することが可能です．

膜分離活性汚泥法には，図 3.3 に示すように膜モジュールの設置方式から見ると，浸漬型と槽外型があります．浸漬型膜分離活性汚泥法では，膜モジュールは，通常，生物反応タンクに直接浸漬され，生物反応タンクの活性汚泥への酸素供給と膜面洗浄用の空気が兼用

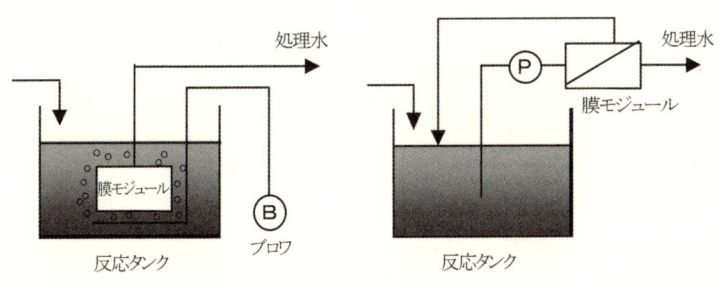

図 3.3 浸漬型（左）と槽外型（右）膜分離活性汚泥法 [1]

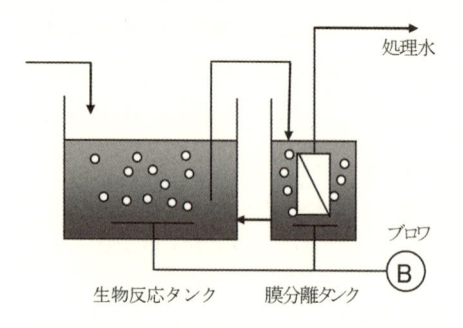

図 3.4 生物反応タンクと膜分離タンクを分離した浸漬型膜分離活性汚泥法

されます.

これに対して、槽外型では生物反応タンクの活性汚泥をポンプにより別途設置した分離タンクに供給し、ろ過は分離タンクで行われ、濃縮された活性汚泥は生物反応タンクに返送されます. 槽外型は、クロスフローろ過の場合、ファウリング防止のための膜面流速を確保する必要があり、必要エネルギーが大きいことから、現在のところ、浸漬型膜分離活性汚泥法が排水処理用膜分離活性汚泥法の主流となっています.

なお、最近では浸漬型の一種ではありますが、図 3.4 のように生物反応タンクと膜分離タンクを別にした、槽外型と浸漬型の中間方式もあります. この方式は、生物反応タンクと膜分離タンクが独立しているため、膜洗浄や点検作業時に生物反応タンクがそのまま運転できるので、維持管理作業が容易という利点があり、海外で採用が増えています.

3.2 膜分離活性汚泥法の適用

従来の活性汚泥法と比較して、膜分離活性汚泥法には以下のような特徴があります.

a. プロセス構成がシンプル

膜分離活性汚泥法では，沈殿池，消毒施設は不要です．また，生物反応タンクのMLSS濃度を高く保持できるため，余剰汚泥は直接反応タンクから引抜 - 脱水が可能であり，汚泥濃縮タンクも省略可能です．

b. 必要敷地面積が小さい

膜分離活性汚泥法は，前述したように構成がシンプルであることに加えて，生物反応タンクのMLSS濃度が高い，すなわち微生物量が多いため，必要反応時間が短縮でき，生物反応タンク容量を小さくできます．このため，必要敷地面積を低減することが可能です．オキシデーションディッチと比較した場合，水処理施設の必要敷地面積は約1/3ですみます．

c. 生物反応タンクの汚泥濃度を高く保持できる

従来の活性汚泥法では，活性汚泥と上澄み水の固液分離を重力沈殿で行っていますが，膜分離活性汚泥法では固液分離をろ過によって行うため，沈降による制限を受けずに生物反応タンクのMLSS濃度を高く保持することができます．従来の活性汚泥法では，比較的高いMLSS濃度で運転されるオキシデーションディッチ法でも，4 000 mg／L程度が上限であるのに対して，膜分離活性汚泥法では，通常，8 000 mg／L 〜 15 000 mg／Lで運転されます．このことにより，短い反応時間で処理を行うことが可能です．

なお，この範囲よりも高いMLSS濃度で運転することも可能ですが，MLSS濃度が約20 000 mg／Lを超えると活性汚泥の粘性が高まるため，曝気・攪拌動力が増加します．

d. 処理水質が良好

膜分離活性汚泥法の処理水中には，SS成分は含まれず，透視度

が高い非常に清澄な処理水が得られます．また，BOD や COD で代表される有機物も非常に低濃度となります．加えて，処理水中には大腸菌は検出されません．都市下水を MF 膜を用いた膜分離活性汚泥法によって処理する場合の処理水質は BOD 3 mg/L 以下，SS 不検出が期待できます．このため，その処理水は，様々な用途に再利用が可能であり，これは上水使用量の削減とそれによる水道・下水道料金の低減につながります．

e．窒素・りん除去が可能

前述したように，膜分離活性汚泥法では，生物反応タンクの MLSS 濃度を高く保持できます．また，発生汚泥量も少ないため，SRT（固形物滞留時間）が長い条件での運転となります．このため，系内に硝化細菌を安定的に保持することが可能であり，低水温期でも硝化が安定して進行します．また，MLSS 濃度が高いことから，脱窒についても無酸素タンクへの持込み DO の影響を受けにくく，脱窒反応が良好に進行します．

りんについては，生物反応タンクに凝集剤を添加する同時凝集法によってりん除去が可能ですが，生物反応タンクの一部を嫌気条件とすることにより，生物学的りん除去も可能です．MLSS 濃度が高いため，脱窒と同様に持込み DO や NO_x の影響を受けにくく，安定した生物学的りん除去が行えます．

f．消毒工程が不要

『下水道法』では，放流水中の大腸菌群数は 3 000 個/mL 以下でなければならないと定められています．活性汚泥法では，高水温期では消毒前でこの基準を下回ることはありますが，消毒無しで安定してこの基準を満足することは一般的に困難です．このため，通常

は次亜塩素酸ナトリウム注入による消毒を行いますが，放流水域が水産目的に利用される場合には，水生生物への残留塩素の影響や，塩素注入による副産物生成が問題とされることがあります．

膜分離活性汚泥法では，大腸菌は UF 膜や MF 膜を通過できないため，処理水中には大腸菌群はまず検出されません．したがって，消毒用の塩素注入が必要なく，前述の問題が避けられます．

g. 少ない余剰汚泥発生量

活性汚泥法の余剰汚泥発生量は，有機物負荷が低くなるほど減少します．すなわち，プロセスの SRT が長くなるほど，余剰汚泥発生量は減少します．膜分離活性汚泥法では，生物反応タンクの MLSS 濃度を高くとることが可能であるため，水理的滞留時間が短い（6時間）にもかかわらず，長い SRT での運転が可能です．図 3.5 は，膜分離活性汚泥法のパイロットプラントによる運転実験によって得られた SRT と，余剰汚泥発生量（流入 SS 当りの余剰汚泥発生量）の関係を示したものです．オキシデーションディッチの余剰汚泥発生量が 0.75（設計値）であるのに対し，膜分離活性汚泥

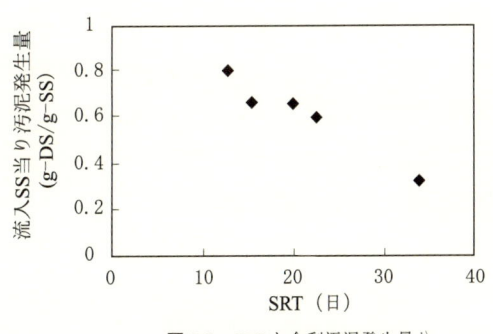

図 3.5 SRT と余剰汚泥発生量[1]

第3章　膜分離活性汚泥法の基礎

図3.6　海岸沿いの狭隘な敷地に建てられた福井県若狭町海越浄化センター（230m³/日）

法では0.64となっており，10％程度発生量が低減されています．SRTをより長くとると，さらに汚泥発生量が低減されます．

　以上のような特徴から，膜分離活性汚泥法は，次のような条件での適用が考えられます．
① 敷地面積に制約があり，コンパクトな施設が求められる場合
　大規模ビル内排水の個別循環の場合には，ビル地下の限られた空間に設置可能な施設とする必要があることから，膜分離活性汚泥法が多数採用されています．図3.6は，下水処理施設を漁港の狭隘な敷地に建設した例です．
② 高度な処理水質が求められる場合（有機物，栄養塩類）
　閉鎖性水域の富栄養化防止のために栄養塩類除去が必要な場合や，放流先が水道水源である場合には高度処理が必要となりま

す．また，この他にも処理水が小河川や小水路に放流される場合には処理水質の影響が大きいため，高度な処理水質が求められる場合が少なくありません．膜分離活性汚泥法は，生物学的窒素除去および凝集剤添加や生物学的方法によるりん除去が可能であり，高度処理対応可能な処理技術です．

③ 処理水を再利用する場合　前述の大規模ビル内排水個別循環では，処理水はトイレ水洗用水として用いられています．この他，雑用水としての利用や修景用水としての利用など，様々な再利用用途への適用が可能です．また，さらに高度な排水の再利用を行う場合，RO 膜処理が必要となりますが，膜分離活性汚泥法は RO 膜処理の前処理としてもコスト的に有利です．

④ 塩素消毒を避けたい場合　放流水域が淡水漁業に利用されている場合には，アユなどの淡水魚への影響を考慮して塩素消毒を避けることが必要な場合があります．また，放流先で海苔養殖が行われている場合には，アンモニア性窒素と塩素が結合して生じるクロラミンが海苔に悪影響を及ぼすことがあるため，やはり塩素消毒を避ける必要がある場合があります．

⑤ 既存施設の再構築　既設の排水処理施設の改築・更新を行う場合，公共施設ではほとんどの場合，コンクリート製土木構造物は長い耐用年数が設定されているため，反応タンクについては，既設構造物を利用して処理機能の高度化を行う必要があります．膜分離活性汚泥法では，既設反応タンクに膜ユニットを設置するなど，既設構造物を利用した改造を行うことが容易であるため，既存施設の再構築に適しています．農業集落排水処理施設では，長時間曝気法の既存施設を膜分離活性汚泥法に

再構築した事例がいくつかあります.

3.3　窒素除去プロセスへの適用

　膜分離活性汚泥法では,活性汚泥の有する硝化・脱窒能力を利用して,生物学的窒素除去が可能です.以下に,硝化反応および脱窒反応の化学反応式を示します.

　　硝化反応：$NH_4^+ + 2O_2 \rightarrow NO_3^- + 2H^+ + H_2O$ …………(1)
　　脱窒反応：$2NO_3^- + 10H \rightarrow N_2 + 4H_2O + 2OH^-$ ………(2)

　生物学的窒素除去では,まず,アンモニア性窒素を硝酸性窒素に酸化する硝化プロセスが第一段階となります.硝化には,アンモニア酸化細菌と亜硝酸酸化細菌が関与します.この両方をまとめて硝化細菌と呼んでいます.硝化細菌の中でもアンモニア酸化細菌は増殖速度が遅いため,生物反応タンクの中で,増殖に必要なSRT(固形物滞留時間)を確保し,アンモニア酸化細菌が生物反応タンク中で増殖できる時間を確保することが必要となります.

　膜分離活性汚泥法では,生物反応タンクのMLSS濃度が高いため,生物反応タンク内での細菌の滞留時間を意味するSRTは20日程度と,標準活性汚泥法に比較して長くなります.すなわち,増殖速度が遅いアンモニア酸化細菌が生物反応タンク内で増殖可能な条件となっています.このため,膜分離活性汚泥法では,増殖速度が低下する低水温期でも硝化は十分に進行し,処理水のアンモニア性窒素は非常に低い濃度が得られます.

　低水温期では,硝化細菌の増殖に必要なASRTは約1週間程度ですが,膜分離活性汚泥法では通常SRTが20日あることから,好

3.3 窒素除去プロセスへの適用

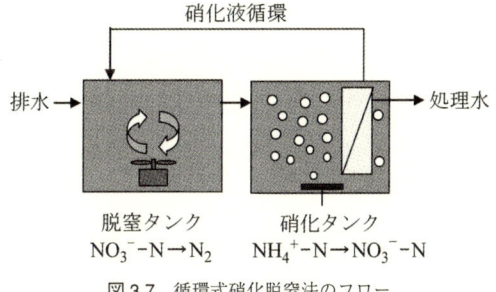

図3.7 循環式硝化脱窒法のフロー

気部分の容量が1/2として，10日のASRTが確保できるため，低水温期でも安定した完全硝化が期待でき，流入水中のアンモニア性窒素はすべて硝酸性窒素まで酸化されることになります．

一方，排水中の窒素の除去には，硝化の次の工程として，硝酸性窒素を窒素ガスに還元する脱窒工程が必要です．脱窒を行うためには，好気タンクから無酸素タンクに硝化で生成した硝酸性窒素を含む活性汚泥混合液を循環すると，活性汚泥中の通性嫌気性菌により，硝酸性窒素の酸素を用いて有機物を分解する反応（硝酸性呼吸）が行われ，硝酸性窒素は窒素ガスに還元され，排水中の窒素は除去されます．

このように好気タンクから無酸素タンクに循環を行うことによって窒素を除去する方式を循環式硝化脱窒法と呼びます，その処理フローを図3.7に示しますが，この方式による窒素除去率は，理論的に以下の式で表されます．

$$\eta = R/(R+1) \cdots\cdots(3)$$

ここで，η：窒素除去率（－），R：循環比（－）＝硝化液循環量/流入水量．

この式は，硝化が完全に進行し，また，循環された硝酸性窒素は無酸素タンクで完全に脱窒されるという前提のもとに成立しますが，膜分離活性汚泥法の場合には，前述したように硝化は完全に進行し，また，無酸素タンクでは MLSS 濃度が高いため，循環された硝酸性窒素は完全に脱窒されます．

図 3.8 に，膜分離活性汚泥法のパイロットプラント実験で得られた循環率と窒素除去率の関係を示しますが，このように窒素除去率は，理論値と良く一致することがわかります．

膜分離活性汚泥法では，運転条件上，硝化が進行することから，必然的に窒素が除去されます．処理水窒素濃度の目標値が定められている場合には，必要な除去率を得るための循環率を式(3)により判断すればよいことになります．循環率が大きいほど窒素除去率は高くなりますが，同時に循環用動力も増大するので，実用的には 300 % 程度が上限と考えられます．

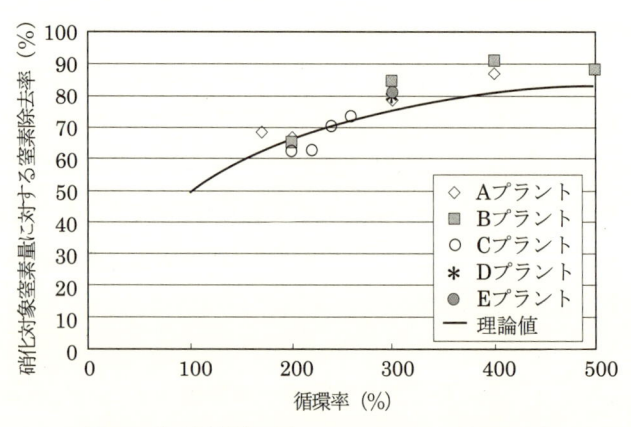

図 3.8 膜分離活性汚泥法における循環率と窒素除去率[1]

なお、脱窒反応には、水素供与体［式(2)中の H］が必要です。これは、有機物から供給され、循環方式では排水中の有機物が用いられます。ただし、窒素濃度が有機物濃度に対して高い場合、つまりC/N 比が小さい場合には、脱窒用有機物として脱窒タンクへのメタノール添加が必要となります。

3.4　りん除去プロセスへの適用

高度処理では、窒素あるいはりんのどちらかだけを除去することはまれで、両方を除去するのが一般的です。排水中のりん除去には、凝集剤添加による方法と生物学的りん除去による方法の2通りがあります。

(1) 凝集剤添加による方法

凝集剤添加によるりん除去は、鉄やアルミなどの金属塩凝集剤を添加し、金属イオンとりん酸との化学反応により、りんを不溶性塩として排水中から除去する方法です。凝集剤としては、鉄系では塩化第二鉄やポリ硫酸鉄、アルミ系では硫酸ばんどやポリ塩化第二鉄（PAC）がありますが、PAC を用いる場合が多く見られます。

凝集剤は、好気タンク活性汚泥混合液に直接滴下する同時凝集法が多く採用されます。この方法は、設備的に簡易であるという利点があります。凝集剤の必要量は、処理水 T-P 濃度を 0.5 mg/L 以下とする場合、金属とりんのモル比で 1.2 程度が目安となります。

凝集剤添加を行う場合の留意事項として、凝集反応で生成した無機物の膜への付着によるファウリングの可能性があげられます。こ

の場合，適宜，クエン酸などによる膜の薬品洗浄を行います．

(2) 生物学的りん除去による方法

　生物学的りん除去は，嫌気条件と好気条件の繰返しによる活性汚泥中のポリりん酸蓄積細菌（PAO：Polyphosphate accumulating microorganisms）の細胞体へのりん蓄積作用を利用する方法です．図3.9に示すように，ポリりん酸蓄積細菌は，嫌気条件下での細胞体から液側へのりん放出と好気条件下での液側から細胞体へのりん取込みの繰返しにより，細胞内にポリりん酸として蓄積されるりん量を増大しますが，これを余剰汚泥として引き抜くことにより，凝集剤を用いずに，通常の活性汚泥法よりも高いりん除去率を得ることができます．

　プロセスとしては，溶存酸素と硝酸性窒素の両方を含まない嫌気タンクを膜分離活性汚泥法の生物反応タンクに組み込む必要があります．嫌気タンクは，無酸素タンクや好気タンクとは別途に設置する場合と，無酸素タンクと兼用し，無酸素タンクの一部に嫌気条件を生成させる場合があります．

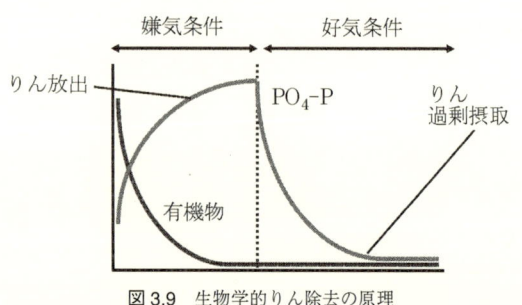

図3.9　生物学的りん除去の原理

3.4 りん除去プロセスへの適用

　一般的に，生物学的りん除去に対する阻害は，循環液や雨天時流入水による嫌気タンクへの DO や硝酸性窒素の持込みが主な要因となります．DO や硝酸性窒素の持込みにより嫌気条件が保証されない場合，りんの放出が生じませんが，膜分離活性汚泥法の場合は運転 MLSS 濃度が高いため，このような DO や硝酸性窒素の持込みは速やかに解消され，安定した生物学的りん除去が期待できます．

　膜分離活性汚泥法への生物学的りん除去の組込みによって運転管理方法が特に変わることは基本的にありませんが，留意すべき点としては，引き抜いた余剰汚泥が嫌気状態になると蓄積したりんが再度放出され，汚泥処理プロセスから返流されるりん負荷が増大する

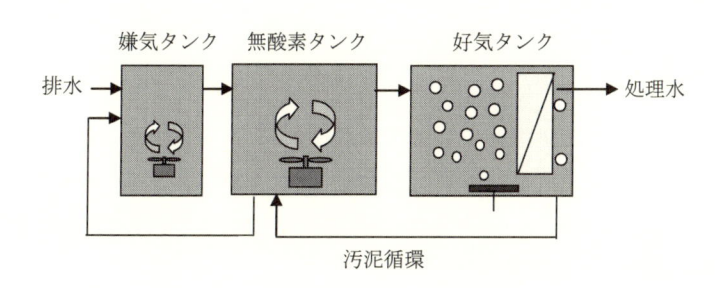

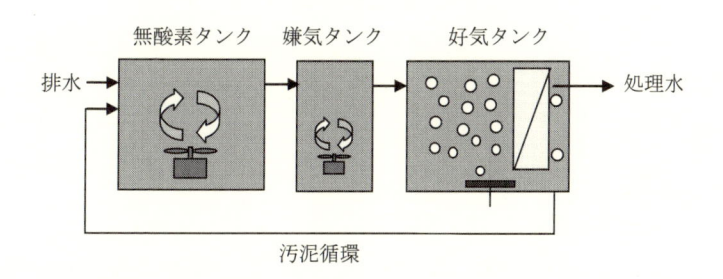

図 3.10　生物学的りん除去を組み込んだ膜分離活性汚泥法のフロー

結果となるので，引き抜いた余剰汚泥は，嫌気状態にならないよう，速やかに処理するか，貯留が必要な場合には，凝集剤を添加するなど，りんの再放出を防止する手段を講じることが必要です．

生物学的りん除去を組み込んだ膜分離活性汚泥法のフロー2種類を図 3.10 に示します[2]．いずれもフローの中に嫌気タンクを組み込んだものですが，好気タンクからの循環返送汚泥に含まれる DO の持込みによる嫌気タンクでのりん放出阻害を防止するため，返送汚泥はまず無酸素タンクに返送して，無酸素タンクにおける脱窒により DO を消費させてから，嫌気タンクに返送するというフローが採用されています．

3.5 プロセス設計の考え方

膜分離活性汚泥法のプロセスは，基本的には 3.1 で述べたフローのいずれかとなりますが，処理対象排水の種類によって前処理設備や流量調整の有無，生物反応タンクが異なってきます．表 3.1 に排水の種類とその特徴を示します．

図 3.11 に，都市下水用の膜分離活性汚泥法の一般的なフローを示します．このフローは，主として小規模な施設への適用を念頭においたものとなっています．以下，主要な設備について解説します．

(1) 前処理設備

流入下水中の夾雑物（ゴミ）の除去は，膜分離活性汚泥法の安定的運転に非常に重要です．流入下水中には，ゴミや繊維分，毛髪，

3.5 プロセス設計の考え方

表 3.1 排水の種類とその特徴

	都市下水	集落排水	浄化槽	し尿	ビル内再利用	畜産排水	産業排水	最終処分場浸出水
施設規模	数100〜数10万 m³/日	数100m³/日	〜200 m³/日	〜数100 kL	〜数100 m³/日	〜100 m³/日	〜数100 m³/日	〜数100 m³/日
性状	通常, 生活排水が主体であるが, 中大規模の下水道では事業所排水の比率が高い場合がある. 合流式下水道では雨水も流入する.	生活排水主体	生活排水主体	有機物, 窒素, りん濃度が高い. ある程度腐敗が進んだ浄化槽汚泥の比率が大きい.	厨房排水や生活系排水が対象となる.	有機物濃度が高く, 特にCOD濃度が高い. また, 固形物濃度, 窒素, りん濃度が高い.	一般的に濃度が高く, 特定の物質が多く含まれることがある. また, pH, 水温等の水質条件が厳しい場合がある.	塩分濃度が高く, また, ダイオキシン類を含有することがある.
流量変動	時間変動がある. 観光地では週間変動や季節変動が大きい場合がある.	時間変動が大きい.	時間変動, 週間変動, 季節間変動がある.	バキュームカーによる搬入であるので変動は小さい.	操業形態による.	変動は比較的小さい.	操業形態により時間変動や週間変動, 季節変動が大きい.	雨量によって浸出水量が変動することがある.
生物分解性	通常, 良好	良好	良好	通常, 良好	通常, 良好	排水の種類によるが, 難分解性物質が含まれることがある.	排水の種類により, 難分解性物質が含まれることがある.	難分解性物質を含む.
特徴	管きょの整備と家庭のつぎ込みに伴って経年的に分量が増加する. 合流式下水道でもある程度の雨水は流入することになっている.	管きょの整備と家庭のつぎ込みに伴って家庭的に量が増加する. 分流式で消毒槽を設置することになっている.	比較的長期間固液分離が流入しないことがある.	生物処理後の後段に活性炭吸着設備が設置される場合が多い.	トイレ洗浄用水が主な用途.	処理液の着色が強い.	業種によっては製品工程の変化や排水性状が変化することが多い.	後段に活性炭吸着設備を設けることが多い.

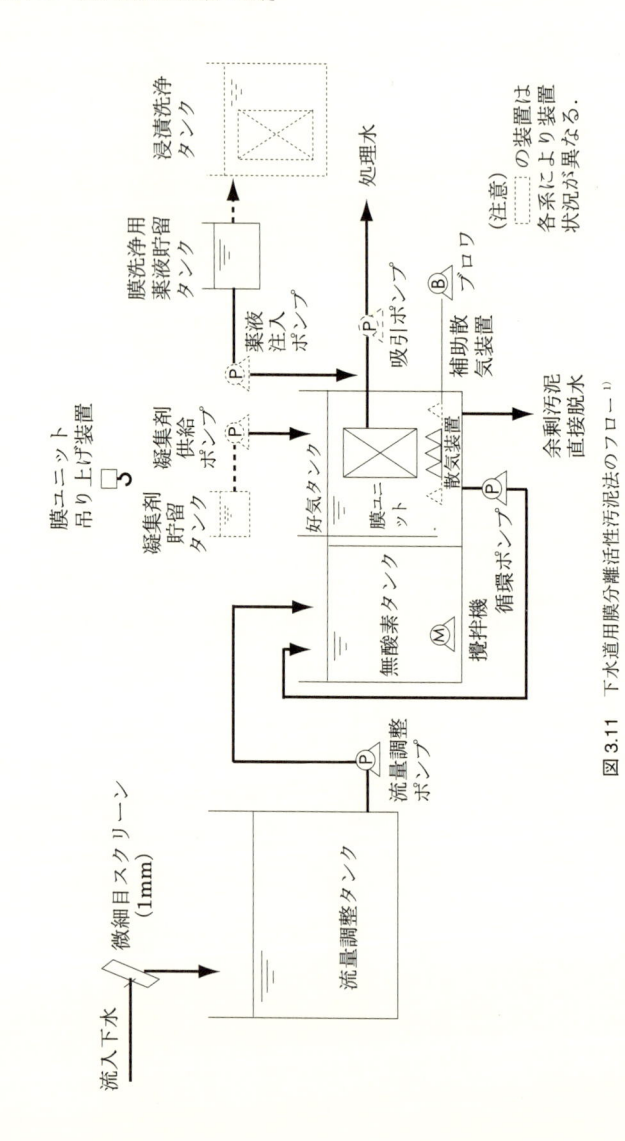

第3章 膜分離活性汚泥法の基礎

図 3.11 下水道用膜分離活性汚泥法のフロー[1]

3.5 プロセス設計の考え方

食物くず，紙類など様々な夾雑物が含まれています．特に繊維分や毛髪は，膜に絡みつくと，様々な物質の付着によって次第に成長し，膜ファウリングの原因になります．

また，繊維分や毛髪の他に，流入水中の夾雑物にはヘアピンやステープラーの針，クリップなど，膜に物理的損傷を与える可能性がある金属類も含まれます．また，多量の泥分の流入も膜のファウリングを引き起こす要因です．

このため，流入水中の夾雑物は，生物反応タンクに流入しないよう確実に除去する必要があります．これら流入水中の夾雑物の除去には，微細目スクリーンが必要です．

欧州における初期の膜分離活性汚泥法では，夾雑物除去用の微細目スクリーンが無かったため，膜ファウリングが生じて運転に支障をきたす結果となりました．

このことから膜分離活性汚泥法での前処理が重要視されるようになったという経緯があり，現在では前処理が膜分離活性汚泥法全体の性能を大きく左右するという認識が持たれています．

微細目スクリーンの目幅は，今のところ 1 mm 程度が標準となっていますが，膜モジュールによっては，2～3 mm 程度でよい場合や，逆に 0.5 mm の微細目スクリーンを必要とする場合もあります．

微細目スクリーンの種類については，バースクリーン，ドラムスクリーン，メッシュスクリーンなどがあります．バースクリーンやドラムスクリーンの採用例が多くありますが，バースクリーンやドラムスクリーンでは毛髪は通り抜けるので，毛髪まで完全に阻止しようとする場合には，メッシュスクリーンが必要です．

図 3.12 下水道用膜分離活性汚泥法施設の外観（鹿沼市古峰原処理センター，240 m³/日）

微細目スクリーンから，し渣が発生しますが，発生量は目幅が小さいほど大きくなります．し渣は水分を多量に含むため，処分においては脱水が必要です．腐敗による臭気発生を防止するためにも，し渣の脱水機構付き微細目スクリーンが推奨されます．

(2) **流量調整タンク**

排水の種類によっては流入水量の時間的変動が避けられないものがあります．ろ過膜は，ある程度の透過流束の変動には対応可能なものの，透過流束の日間変動運転を長期間にわたって継続することは，膜ファウリングの原因となるため好ましくなく，一定の透過流束で運転することが理想的です．

このため，特に小規模下水道のように流入水量の日間変動が大きい場合には，生物反応タンクへの流入水量を一定とし，透過流束を一定に保持するため，流量調整タンクを設置する必要があります．

また，観光地のように週間変動や季節変動が大きい場合には，流量調整タンクを分割しておき，変動が大きい場合に流量調整タンクの全体容量を使用する方法も検討する必要があります．

生物反応タンクの水位を上げることにより，流量調整用容量の一部とすることも可能です．これに加えて，透過流束を変動させることにより流量調整を行い，流量調整タンクの容量を削減する方法もあります．

小規模な下水道で，ピーク流量が平均流量の3倍とした場合，均等流入にはHRT約5時間分の容量を有する流量調整タンクが必要です．実際の流入パターンのデータがある場合には，流量累積カーブから必要な流量調整タンク容量を算定することができます．

(3) 生物反応タンク

生物反応タンクは，処理対象が生活系排水の場合には，通常，無酸素タンクと好気タンクから構成され，好気タンクから無酸素タンクに循環が行われます．これは，生物反応タンクのSRTが20日程度と長いため，好気タンクで硝化が進行し，アルカリ度が消費されてpHが低下します．これを防止するため，無酸素タンクを設けて硝酸性窒素を含む

図3.13 福崎町福崎浄化センターの生物反応タンク（好気タンク部）

活性汚泥混合液を無酸素タンクに循環し，脱窒によりアルカリ度の回復を行い，pH低下を防止することが目的です．無酸素タンク－好気タンク間で循環するということは，循環式硝化脱窒法と同様なフローであり，生物学的窒素除去が行えます．

通常の生活系排水では，アルカリ度が不足するため，以上のように好気タンク〜無酸素タンク間の循環を行いますが，アルカリ度が高い排水の場合には，好気タンクのみでも運転が可能です．

生物反応タンクのMLSS濃度は，通常，8 000〜15 000 mg/L程度で運転が行われます．これは，標準活性汚泥法やオキシデーションディッチ法における運転MLSS濃度の2〜10倍にあたります．固液分離を重力沈殿で行う場合には，MLSS濃度は4 000 mg/L程度が限界ですが，膜分離活性汚泥法では固液分離をろ過膜によって行うため，より高いMLSS濃度で運転が可能です．すなわち，生物反応タンクに，より多くの活性汚泥微生物を保持できることを意味しています．なお，これより高いMLSS濃度での運転も可能ですが，MLSS濃度が20 000 mg/L程度になると，汚泥の粘性が高まるため，気泡による洗浄効果が低下し，また，エネルギー的にも不利となります．

生物反応タンクへの空気供給は，膜面洗浄用空気と活性汚泥への酸素供給用の空気が必要です．膜面洗浄用空気量が大きい場合には，膜面洗浄用空気量だけで活性汚泥への酸素供給がまかなえますが，膜面洗浄用空気量を低減した膜モジュールの場合，膜面洗浄用空気量だけでは活性汚泥への酸素供給がまかなえないため，図3.14に見られるように，別途，補助散気装置を設ける必要があります．

3.5 プロセス設計の考え方

(4) 膜モジュール

下水処理に用いられる膜モジュールは，その形状からは平膜（FS），中空糸膜（HF）に大別できますが，最近ではセラミック製の膜も開発されています．生活系排水の処理

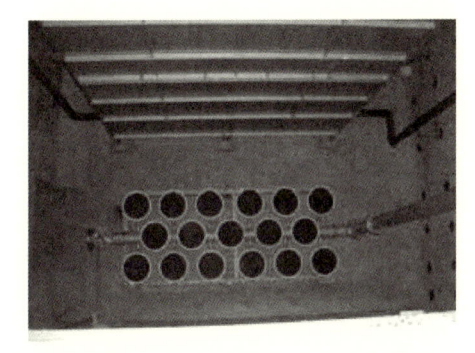

図3.14 好気タンク内の膜ユニットと補助散気装置

には，主としてMF膜が用いられています．

設備的には，通常，複数の膜モジュールをまとめて散気装置やケーシング，ろ過水吸引管を取り付けた膜ユニットが実用上の要素設備となります．処理水量に応じて，膜ユニットを必要数設置します．膜ユニットについては，メーカー各社で，その寸法や構造がそれぞれ異なり，処理水量に対する必要設置投影面積もかなり幅があります．このため，膜が浸漬される好気タンクにおいては，タンク容積に対する膜ユニット容積が膜ユニットによって異なります．このため，好気タンクにおける活性汚泥の混合状態については，十分な検討が必要です．膜モジュールの選定については，対象排水の種類，要求される処理水質，膜洗浄方式，維持管理体制，コストなどの要因を総合的に判断する必要があります．

(5) 消　　毒

MF膜による膜分離活性汚泥法では，大腸菌はその大きさから膜を通過できないため，処理水中に大腸菌はまず検出されません．

『下水道法』では,処理水中の大腸菌群数は1 mL当り3 000個以下となっており,これを満足すれば消毒は不要であり,特に塩素注入の必要もありません.

このため,下水道用膜分離活性汚泥法では,消毒設備は設置しません.ただし,何らかの原因によって膜に損傷が生じ,処理水中に大腸菌群が検出される恐れがあるような場合に備えた措置がとれるように配慮する必要があります.しかしながら,緊急時用消毒設備を設置するのは,コスト的に不利であるため,小規模施設の場合には,処理水タンクに固形塩素を投入する方法が考えられます.

(6) 洗浄設備

膜洗浄には,ろ過と並行して常時行われる空気洗浄の他に,インライン洗浄と浸漬洗浄があります.インライン洗浄は,膜ユニットを反応タンクに浸漬したまま,ろ過水側から薬液を注入して静置し,膜を洗浄します.薬液には,通常,次亜塩素酸ナトリウムが用いられることが多いですが,りん除去のために金属塩凝集剤を添加している場合では,シュウ酸などの有機酸が洗浄に用いられることがあります.

インライン洗浄は,小規模な施設では,手動により行われますが,規模が大きくなり,膜モジュール数が増加すると人力では実施が困難になるため,自動洗浄装置が必要となります.

次亜塩素酸ナトリウムは,通常,5 000 mg/L程度の溶液を注入し,2時間程度静置しますが,溶液の濃度は薄い方が膜へのダメージは少ないと言えます.ヨーロッパでは,次亜塩素酸ナトリウムを注入する際に洗浄効果を高めるために,40℃程度に加温すること

も行われていますが,膜へのダメージが常温の場合と比較して大きい可能性があります.

なお,インライン洗浄による活性汚泥への影響は,あまりないことがわかっていますが,薬剤に敏感な硝化細菌に対しては,若干の影響が見られることもあります.ただし,このような影響が見られても,30分程度で回復します.

浸漬洗浄は,膜モジュールをタンク外に吊り上げ,水洗浄した後,次亜塩素酸ナトリウムなどを満たした浸漬洗浄タンクに半日程度浸漬して洗浄する方式で,反応タンクと別途に浸漬洗浄タンクが必要です.なお,ごく小規模な施設の場合には,浸漬洗浄タンクを設けず,膜モジュールを搬出して工場など,別の場所で浸漬洗浄を行うこともあります.

最近では,膜差圧の状況に関わりなく膜ファウリング防止を目的として定期的にインライン洗浄を行う方式が増えています.これは,メンテナンス洗浄と呼ばれ,通常,低濃度の次亜塩素酸ナトリウムを用いて1週間から2週間に一度行われます.

(7) その他の設備

① 膜吊り上げ装置　膜モジュールは,点検や修理,清掃,交換時には好気タンクから吊り上げる必要があります.このため,クレーンやホイストの設置が必要です.

② 覆蓋　生物反応タンクは,鋼板やFRP板などにより覆蓋をします.これは,特に生物反応タンクが建屋内ではなく,屋外に設置される場合,ビニールや木の葉などの夾雑物の生物反応タンク内への落下を防止するうえで重要です.

③ 計測制御設備　膜分離活性汚泥法を適切に運転するためには，MLSS濃度や膜差圧，各機器の運転状況のモニタリングが必要です．中でも膜差圧は最も重要な指標です．

(8) 池数の考え方

膜モジュールは，薬品による洗浄が必要であり，薬品洗浄中は処理を休止する必要があります．このため，通常，池数は最低2池とし，1池が洗浄中の場合，もう1池で処理を行えるようにします．ただし，規模が小さい場合で，洗浄作業の時間帯を選べば，運転を休止しても特に差し支えない場合には1池のみとすることもあります．

3.6　膜分離活性汚泥法の運転管理手法

膜分離活性汚泥法の運転管理は，ろ過膜がそのろ過機能を安定して発揮できるように保持することにつきます．固液分離を通常の重力沈殿により行う通常の活性汚泥法では，主要機器に何らかのトラブルが発生したとしても，当面は自然流下－沈殿－オーバーフローにより処理が可能ですが，膜分離活性汚泥法の場合には，ブロワやろ過膜などの主要機器が停止すると，処理自体が不可能となる状況となります．

このため，特にろ過膜にヘビーファウリングが生じないように，必要なモニタリングや膜洗浄などを的確に行う必要があります．また，膜のファウリングは，ろ過膜のみならず，ブロワや散気装置などの周辺機器の不具合によっても引き起こされるため，機器類の状

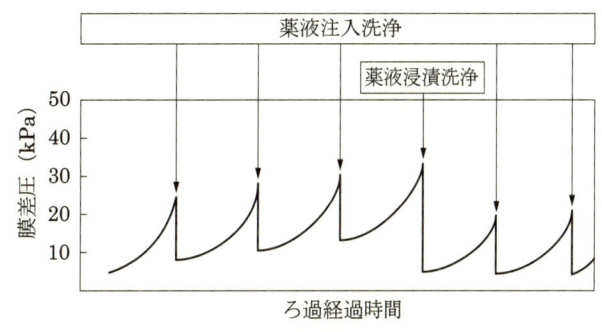

図 3.15　ろ過時間と膜差圧 [1]

態にも十分に気を使う必要があります．

　これらの点に留意すれば，膜分離活性汚泥法は活性汚泥の細かな管理が不要なことから，運転管理はむしろ容易であるといえます．以下に，膜分離活性汚泥法の運転管理における重要な点について解説します．

(1) 膜差圧の管理

　ろ過膜は，エアレーションにより常時，膜面洗浄を行っていますが，ろ過の継続に伴って膜が汚れてきて目詰まりを生じます．膜差圧を監視することにより膜の汚れの状況を把握することができます．図 3.15 は，ろ過継続と膜差圧の変化のパターンを示したものです．ろ過の継続に伴って次第に膜差圧は上昇していきます．

　膜差圧の管理上限を設定しておき，膜差圧がその管理上限に近づいたら，膜の薬液洗浄を行う必要があります．膜の薬液洗浄により，膜面のファウリング物質が除去され，膜差圧は低下します．その後，ろ過の継続に伴い，再度，膜差圧が上昇していきます．膜の薬液洗

浄頻度は，排水の性状，透過流束，膜モジュール種類などによって異なります．通常，膜差圧は徐々に上昇して来ますが，何らかの原因により膜ファウリングが急激に進行する場合には，膜差圧が一気に上昇することがありますので，膜差圧については常時モニタリングして，その挙動に注意を払う必要があります．

なお，長期間使用に伴い，薬液洗浄を行っても膜差圧が十分に低下しなくなることがあります．このような場合には，膜面へのファウリング物質蓄積が進行していると考えられますので，膜を反応タンクから取り出して，薬液浸漬洗浄を行う必要があります．

(2) MLSS濃度の管理

膜ろ過により処理水を分離するためMLSS濃度は高く設定できますが，必要以上に高く運転すると汚泥の粘性が上がりろ過しにくくなります．したがって，MLSS濃度は膜のろ過性を低下させない範囲に維持する必要があります．通常，MLSS濃度は8 000 mg/L～15 000 mg/Lの範囲で運転しますが，MLSS濃度の変動が少ない方が運転は安定します．このため，余剰汚泥の引抜きについては，あまり引抜き頻度が少ないと，一度に多量の汚泥を引き抜く必要があることから，引抜き後にMLSS濃度が低下し，ろ過に支障が起こる可能性があります．このことから，余剰汚泥はあまり間隔が空き過ぎないように定期的に適量ずつ引き抜くことが推奨されます．

また，MLSS濃度の管理に加えて，汚泥のろ過性の管理も重要です．膜のろ過性は，水温や汚泥性状によって変化するため，活性汚泥のろ過性を定期的に測定することが望まれます．ろ紙ろ過量といわれる測定法は，50 mLの活性汚泥を5Cろ紙で重力ろ過し，5分

間でのろ過水量を測るものですが、図3.16のようにろ紙とメスシリンダーがあれば、日常管理において活性汚泥のろ過性の経過を把握できる簡易な方法です.

ろ紙ろ過量が5 mL／5分以下の場合、活性汚泥のろ過性の悪化が懸念されます．ろ紙ろ過量には問題ないにもかかわらず膜差圧が上昇傾向にある場合は、膜が汚れている可能性があります．

図3.16 ろ紙ろ過量の測定方法
（5Cろ紙およびロート、50mL メスシリンダー）

(3) 膜 洗 浄

膜の洗浄方法としては、曝気洗浄、処理水逆圧洗浄、薬液注入洗浄、薬液浸漬洗浄があり、膜の種類によって異なります．また、膜洗浄装置を構成する機器も膜の種類によって異なるので、膜の特性に合わせた洗浄方法を理解し、適切な洗浄を行う必要があります．

以下にそれぞれの洗浄方法について解説します．

① 曝気洗浄　　曝気洗浄は膜ユニットの下部から曝気を行い、膜面に堆積する汚泥の剥離を促すものです．通常、曝気洗浄はろ過継続中常時行われます．曝気を停止した状態でのろ過は、膜のファウリングを急激に進行させることになるため避ける必要があります．

日常点検では、各膜ユニットの曝気状態を点検し、曝気の偏りが生じていないかを確認します．曝気の偏りが見られた場合には、散気管の洗浄機能がある場合、該当する膜ユニットの散

気管の洗浄を行います．散気管の洗浄によっても偏りが解消しない時はさらに膜ユニットを吊り上げて曝気装置の洗浄を行います．この際，毛髪や繊維の絡みつきおよび膜間の汚泥付着の状態を点検することが推奨されます．

② 処理水逆圧洗浄　　ろ過水を膜の内側から外側に，逆洗ポンプで押し出すことにより，膜面に堆積する物質を剥離し，洗浄する方法です．洗浄頻度は，原水の性状などにより異なりますが，10〜15分に1回，ブロック毎に自動で実施する方法が一般的です．

③ 薬液注入洗浄　　膜ユニットを反応タンクに浸漬した状態で，ろ過水ライン側から薬液を注入して洗浄を行い，膜面をろ過可能な状態に回復させるものです．膜ユニットを反応タンクから取り出す浸漬洗浄に対して，インライン洗浄とも呼ばれます．薬品洗浄に使用される薬品としては，一般に有機系の汚染に対しては次亜塩素酸ナトリウムを数100〜5 000 mg/L程度に希釈したものが用いられ，無機系の汚染に対しては塩酸，シュウ酸，クエン酸などが用いられます．薬液注入洗浄の必要頻度は，対象排水の性状や透過流束，膜モジュールによって異なります．

④ 薬液浸漬洗浄　　薬液浸漬洗浄は，膜ユニットを反応タンクから取り出して水洗した後に，薬液浸漬洗浄タンクに所定時間（例：2時間から5時間）浸漬させて洗浄する方法です．膜の種類，薬品の濃度によって浸漬時間は異なるため，膜の特性に合わせた洗浄条件をとる必要があります．浸漬洗浄後の薬液は，中和処理後，流量調整タンクへ移送するか，もしくは少量ずつ

流量調整タンク
へ移送して処理
を行います.

(4) 膜の交換

膜の交換は,薬液
洗浄を行っても所定
の透過流束が得られ
なくなった場合や膜
に修復不可能な損傷

図3.17 引き上げられた膜ユニット(食品加工排水処理プラント)

が発生した場合に行います.膜の寿命は,処理対象排水によって異なりますが,都市下水を処理対象とする有機高分子膜の場合,7年〜10年程度が期待できるものと考えられます.

なお,膜は,寿命に達した時点で直ちに使用不能になるわけでなく,ろ過経過とともに薬液洗浄を行ってもろ過圧力が回復せず,設計水量のろ過に高い膜差圧を要する状態に陥った時点を膜の寿命としています.したがって,稼動率や運転履歴によって膜の交換時期が異なるため,膜差圧,処理水質などの経過を見ながら必要に応じて計画的に膜の交換を行う必要があります.

(5) その他

悪質下水の流入や豪雨時における多量の泥分の流入は,膜ファウリングを引き起こしますので,注意する必要があります.点検のために膜モジュールを生物反応タンクから引き上げる場合には,膜に損傷を与えないよう,その取扱いに十分に留意することが重要です.

また，日常の保守点検作業において，膜タンク内に金属製品やガラス製品を落下させないよう注意を払うことも大事です．

参考文献
1) 日本下水道事業団：膜分離活性汚泥法の技術評価に関する報告書，技術開発部資料　03-008，2003.11.
2) 村上孝雄：下水道への膜分離活性汚泥法（MBR）の適用，用水と排水，Vol.47, No.4, 2005.

第4章 生活排水処理への適用

4.1 ビル排水再利用への適用

(1) ビル排水再利用分野への膜技術の導入背景と導入状況

ビル排水再利用システムとは,ビル内で発生する雑排水(洗面,手洗い,炊事,掃除,風呂など),厨房排水,トイレ排水,冷却塔ブロー水などを生物学的,物理化学的処理手法を用いて処理し,その処理水をビル内のトイレ洗浄水に再利用するシステムを指します.

日本は降水量も多く水資源に恵まれているようですが,人口1人当りの降水量に換算するとさほど多くはありません.都市化の進展,生活様式の変化に伴う水需要の増加,近年の小雨傾向などの理由により都市用水の供給が恒常的に逼迫しています.このため,1960年代より水資源の有効利用を目的として雑用水利用システム(排水再利用・雨水利用システム)の導入が進んでいます.

ビル排水再利用システムは,処理施設を建物内に設置する場合が多いため,設置スペースが限られ,また,再利用を目的とするため,比較的良好な水質を要求されます.このような背景から,コンパクトで,設備面積が小さく,また,維持管理が容易で,確実に高度な

処理水が得られる膜処理技術の導入が一番早く進みました[1].

1970年代半ばから三井石油化学,三機工業,三菱レイヨン・エンジニアリングらが限外ろ過(UF)膜を導入し,その後,1983年よりUF膜技術の適用件数が一気に増え,2001年の時点で約160箇所の実績があります.また1996年以降は,ケーシング収納型UF膜に代わり,省スペース,低ランニングコストという利点から,浸漬型精密ろ過(MF)膜を用いた膜分離活性汚泥法の導入が進んでいます[1].

(2) ビル排水再利用分野への膜適用事例

a. 北九州学術研究都市

① 北九州学術研究都市について

北九州学術研究都市は,アジアの中核的な学術研究拠点を目指し,新たな産業の創出・技術の高度化を図ることを目的として2001年4月に開設されました.北九州学術研究都市は,「エコ・キャンパス」という考え方で,教育研究活動に必要なエネルギーや水を,環境に配慮しつつ効率的に供給するため様々な工夫を凝らしています.今回,その中で水リサイクルの観点から汚水に対して膜を利用した処理施設を設け,処理水を中水としてトイレの洗浄水に利用し,余分な中水はオーバーフローしてキャンパス内のビオトープ池に流入させ自然環境に戻し,また雨水も同様に処理を行い再利用している施設について紹介します.

② 施設の概要

図4.1に施設写真[2]を,**表4.1**に設計条件を示します.

本施設は,汚水処理量312 m^3/日,雨水処理量403 m^3/日の処理

4.1 ビル排水再利用への適用

能力を有し，処理された中水は，主にキャンパス内のトイレ洗浄水として利用されています．処理施設は環境エネルギーセンター内に配置されています．機械・装置類は原則として1階部分に配置され，その下に処理槽・貯槽類および雨水および中水送水槽が割り付けられています．キャンパス内の各施設には，それぞれの送水槽より配

図 4.1 施設外観（左：排水処理室，右上：雨水処理ろ過装置）

表 4.1 設計条件

	汚 水	雨 水	処 理 水
水量 (m³/日)	312	403	312
BOD (mg/L)	200	10	5以下
COD$_{Mn}$ (mg/L)	100		15以下
SS (mg/L)	200	10	5以下
pH (−)	5.8〜8.6	5.8〜8.6	
外観			不快でないこと
臭気			不快でないこと
大腸菌群数 (個/mL)			10以下

水されています．

フローを以下に示します．

・汚水

前処理＋流量調整（余剰汚水は下水放流）＋膜分離活性汚泥処理
　　＋オゾン酸化＋消毒

・雨水

浮上ろ材上向流ろ過装置

汚水処理のフローシートを**図4.2**に，主要設備仕様を**表4.2**に示

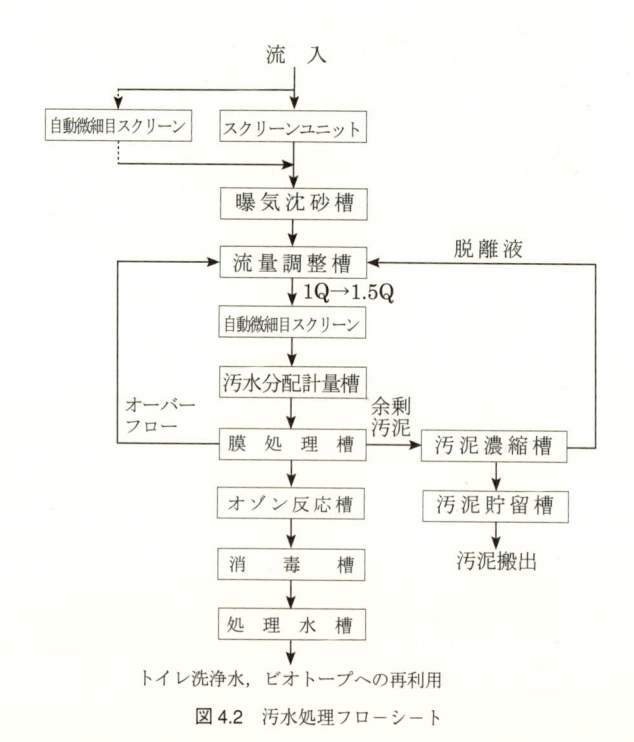

```
                            流　入
                              ↓
    ┌──────────────┐    ┌──────────────┐
    │自動微細目スクリーン│←─→│スクリーンユニット│
    └──────────────┘    └──────────────┘
                              ↓
                        ┌──────────┐
                        │曝気沈砂槽│
                        └──────────┘
                              ↓
              ┌─────────────┐       脱離液
         ┌──→│ 流量調整槽  │←──────────
         │    └─────────────┘
         │         ↓ 1Q→1.5Q
         │    ┌──────────────┐
         │    │自動微細目スクリーン│
         │    └──────────────┘
         │         ↓
         │    ┌──────────┐
    オーバー  │汚水分配計量槽│
    フロー   └──────────┘
         │         ↓       余剰
         │    ┌──────┐   汚泥  ┌──────────┐
         └───│膜処理槽│───────→│汚泥濃縮槽│
              └──────┘          └──────────┘
                   ↓                   ↓
              ┌──────────┐      ┌──────────┐
              │オゾン反応槽│      │汚泥貯留槽│
              └──────────┘      └──────────┘
                   ↓                   ↓
              ┌──────┐            汚泥搬出
              │消毒槽│
              └──────┘
                   ↓
              ┌──────────┐
              │処理水槽  │
              └──────────┘
                   ↓
       トイレ洗浄水，ビオトープへの再利用
```

図4.2　汚水処理フローシート

表 4.2 主要設備仕様

設 備 名	仕 様	数 量
スクリーンユニット	回転ドラム式スクリーンユニット	1台
膜分離ユニット	中空糸膜分離ユニット	14基
オゾン発生装置	発生量120 g/時	1基
雨水ろ過器	圧力式浮上ろ過器	1基
脱臭装置	活性炭吸着塔16 Nm^3/分	1基

します.

汚水（312 m^3/日）はスクリーンでし渣を除去した後，流量調整槽に流入します．ここで水量，水質が均等化され膜処理槽に流入します．その後，汚水は膜処理槽で活性汚泥処理され，中空糸膜を利用した膜分離装置で固液分離されます．後段の高度処理では，有機物はもとより，色度，臭気，細菌類の除去のためにオゾン酸化を行った後，次亜塩素酸ソーダで消毒し，再利用水として利用されます．

汚泥処理に関しては，活性汚泥処理の余剰汚泥を膜処理槽より引き抜き，濃縮槽において重力濃縮した後，汚泥貯留槽に貯留し，場外搬出しています．

雨水に関しては，浮上ろ材の入った上向流式圧力ろ過器によりSS などを除去した後，再利用しています．

また，脱臭装置として処理施設内および周辺への臭気の影響を考慮し，活性炭脱臭装置を設けています．

③ 膜仕様

浸漬膜として採用している中空糸膜ユニットの外形を**図 4.3** に，中空糸膜の仕様を**表 4.3** に示します.

第4章 生活排水処理への適用

膜分離ユニット内に平均孔径 0.4 μm 以下の中空糸を集積した膜エレメントを多段で配置し，下部に設置した散気装置から生物処理用の空気を散気するとともに膜の空気洗浄を行っています．

中空糸型膜エレメントを採用することにより膜の集積度を上げ，コンパクトな施設としています．膜エレメントを縦方

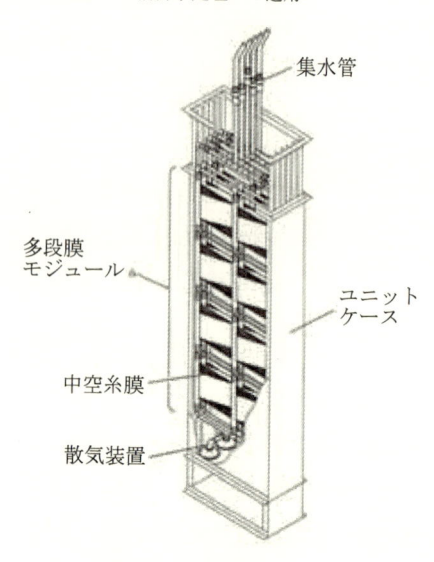

図4.3 中空糸膜ユニット

表4.3 膜ユニット仕様

項　　目		仕　　様
膜本体	形状	中空糸
	平均細孔径	0.4 μm
	厚さ	90 μm（外径540 μm×内径361 μm）
膜エレメント	形状	スダレ状
	寸法	400 mm W×485 mm H×3列×3組
	膜面積	5.5 m²/エレメント
膜ユニット	収納膜エレメント	16エレメント
	ユニット膜面積	88 m²/エレメント
	ユニット数	14基
主要部材質	膜	ポリエチレン
	枠・マニホールド	ABS
	散気装置	ディフューザー
	集水配管	SUS

向に重ねているため処理水量当りの膜ユニットの設置面積も少なく,施設がコンパクトになっています.

エコ・キャンパス北九州学術研究都市の中で,水リサイクルとしての中水道は多くの人たちに利用されています.今後も,本膜処理施設が学術研究の中心施設のインフラとしてとして,大いに役立つことと期待しています.

4.2 し尿処理への適用

(1) し尿処理分野への膜導入の背景と導入状況

し尿は高濃度の有機物・窒素・りんを含む汚水で,わが国では昔から農地利用が行われていましたが,1950年代半ば頃より,化学肥料の普及や都市における環境保全の必要性から,その衛生的処理を行うし尿処理施設の建設が始まりました.1997年以降,し尿処理施設は循環型社会構築の一端を担うため,し尿・浄化槽汚泥だけではなく,生ゴミなどの有機物の受入れ,メタン発酵,堆肥化なども行う「汚泥再生処理センター」へ移行することになり,現在順次移行が行われています.

し尿処理施設(現,汚泥再生処理センター)は当初,嫌気性消化法や好気性消化法など様々な処理方式が開発,適用されました.しかし,これらの処理方式は20倍程度の希釈水を必要としたため,1970年代半ば以降は,閉鎖性水域の富栄養化対策の必要性などから,低い希釈倍率で窒素・りん除去が可能な処理方式として,標準脱窒素処理法(低希釈二段活性汚泥法)や高負荷脱窒素処理法が開発・適用されました.特に,高負荷脱窒素処理法はし尿を無希釈で

高濃度の活性汚泥（MLSS12 000 ～ 20 000 mg／L）で処理するもので，施設のコンパクト化が可能になりました．

高濃度の活性汚泥の固液分離法には，重力沈降法，浮上分離法，機械式分離法などが採用されていましたが，1980 年代に入って，固液分離に限外ろ過膜を利用した膜分離高負荷処理方式が開発されました．膜処理法は，汚泥性状に関係なく高濃度汚泥を容易に固液分離でき，維持管理が容易であること，またコンパクトな敷地で非常に清澄な処理水が得られるため，導入が進みました．

1980 年代後半に入ると，合併浄化槽や農業集落排水処理施設の普及で処理対象として浄化槽汚泥の占める割合が多くなり，浄化槽汚泥対応型処理方式（浄化槽汚泥の混入比率の高い脱窒素処理方式）が開発され，ここにも膜分離装置が適用されました．当初，槽外型の平膜型モジュールや管状（チューブラ）型モジュールの限外ろ過膜が採用されましたが，近年では活性汚泥混合液中に膜モジュールを浸漬し処理水を吸引するタイプの浸漬型吸引膜（回転平膜・中空糸膜・浸漬型平膜など，精密ろ過膜を含む）の採用事例が増加しています．

図 4.4 に示したし尿処理方式別の施設数の変遷を見ると，嫌気性処理，好気性処理方式の施設が減少する中で，標準脱窒素処理，高負荷脱窒素処理，膜分離処理，その他の処理方式は施設数を増やしています．この中で膜処理を含む施設はトータルで 182 件[4]に上り，膜処理は今日主流の処理方式となっています．膜種類の内訳はチューブラー膜約 60 件，浸漬型平膜約 60 件，回転平膜約 30 件であり，最近では浸漬型中空糸膜の導入も増えてきています．

ちなみに膜処理を適用した 1 号機は三井石油化学工業（株）が納

4.2 し尿処理への適用

■嫌気性処理 ■好気性処理 □標準脱窒素処理 ■高負荷脱窒素処理 ■膜分離処理 □その他

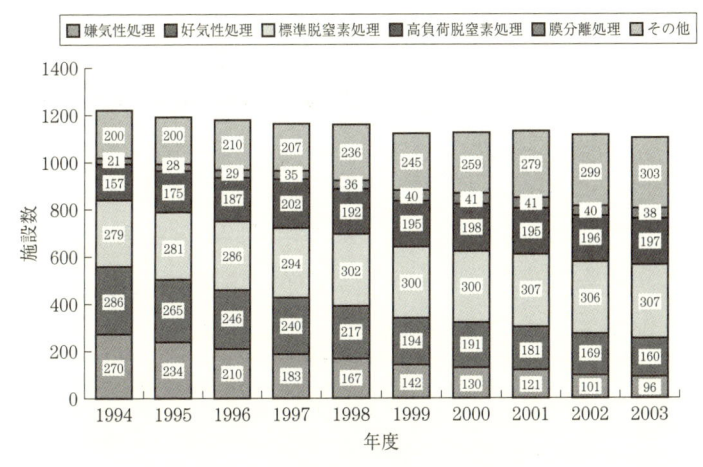

図4.4 し尿処理施設の処理方式の推移[3]

入し1988年に稼働した秋田県五城目町クリーンセンターの平膜型限外ろ過膜（仏，Rhone-Poulenc社製）と言われています．

(2) し尿処理分野へ適用された膜技術の概要

し尿処理方式は基本的に，生物処理の後段に物理化学処理（凝沈・ろ過・活性炭吸着・オゾンなど）を組み合わせた方式が採用されています．

膜分離高負荷処理方式は一般に図4.5に示すように，高濃度の生物処理の固液分離工程と，凝集分離法の固液分離工程を膜によって行うもので，二段膜方式と呼ばれています．重力沈殿池による固液分離性能の不安定さの解消による維持管理性の向上，有害微生物を透過させない安全な処理水の確保，高濃度の活性汚泥の保持による施設のコンパクト化など，多くの利点を持っています．

85

第4章 生活排水処理への適用

し尿等 → 受入貯留設備 → 硝化脱窒素槽 → 二次硝化脱窒素槽 → 生物処理限外ろ過装置 → 混和槽 → 凝集処理限外ろ過装置 → 活性炭吸着設備 → 消毒設備 → 処理水

余剰汚泥 → 汚泥処理設備 → 脱水汚泥

|← 前処理工程 →|← 主処理工程 →|← 高度処理工程 →|← 消毒工程 →|

図 4.5　膜分離高負荷処理方式の基本フロー

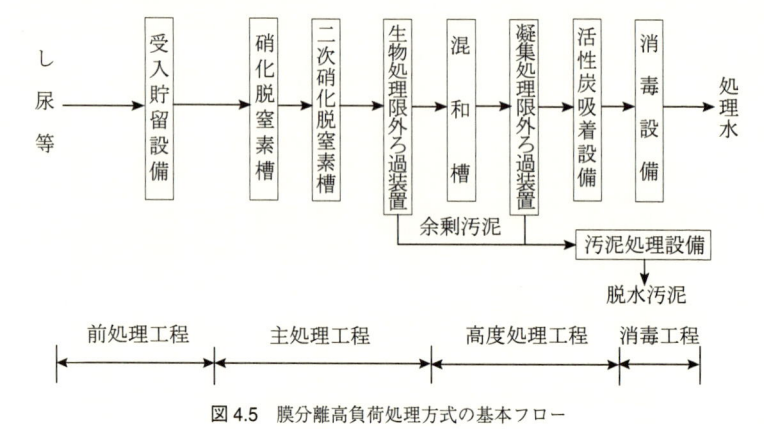

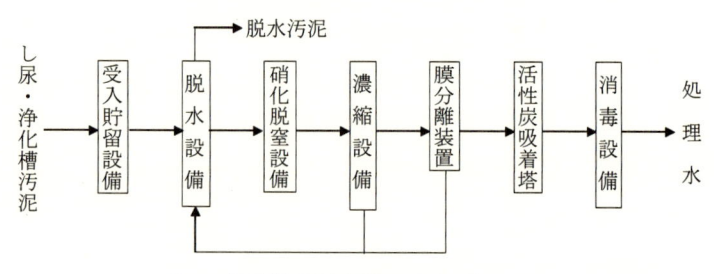

し尿・浄化槽汚泥 → 受入貯留設備 → 脱水設備 → 硝化脱窒設備 → 濃縮設備 → 膜分離装置 → 活性炭吸着塔 → 消毒設備 → 処理水

脱水設備 → 脱水汚泥

図 4.6　浄化槽汚泥対応型処理方式の基本フロー

また，近年，し尿処理施設に搬入される浄化槽汚泥の比率が高くなり，処理対象物が低濃度化するのに対応して，一段膜で処理する技術も多く実用化されています（図 4.6）．

(3) し尿処理分野への膜適用事例

a. K 組合

① 施設概要

K 組合は汚泥再生処理センターとして 2002 年 3 月に供用を開始

しました．施設概要を**表 4.4**に示します．

　広域より収集されたし尿および浄化槽汚泥を，除渣後脱水し，その分離液を生物学的脱窒素処理にて脱窒素し，さらに活性炭吸着にて高度処理した処理水を河川へ放流する施設です．除渣後に脱水することにより，浄化槽汚泥の搬入量および濃度変動の幅を小さくでき，生物処理への影響を低減しています．また，余剰汚泥，凝集汚泥を前段に移送することで処理工程を簡略化しています．

表 4.4　K 組合施設概要

処理規模	81 kL/日（膜ろ過水量は機械洗浄水など加算され約150 m^3/日である）
処理方式	浄化槽汚泥比率の高いし尿に対応した膜分離高負荷生物脱窒素処理方式
膜分離装置	回転平膜　2 基

② 水　　質

計画水質を**表 4.5**に示します．

表 4.5　計画水質

水質項目	し尿	浄化槽汚泥	混合脱水分離液	放流水
pH	8	7	7〜8	5.8〜8.6
BOD (mg/L)	11 000	3 500	2 789	10以下
COD$_{Mn}$ (mg/L)	6 500	3 000	1 617	20以下
SS (mg/L)	14 000	7 800	2 134	10以下
T-N (mg/L)	4 200	700	1 392	10以下
T-P (mg/L)	480	110	84	1以下

③ 処理フロー

図 4.7に処理フローを示します．本フローは，廃棄物処理技術評

第4章 生活排水処理への適用

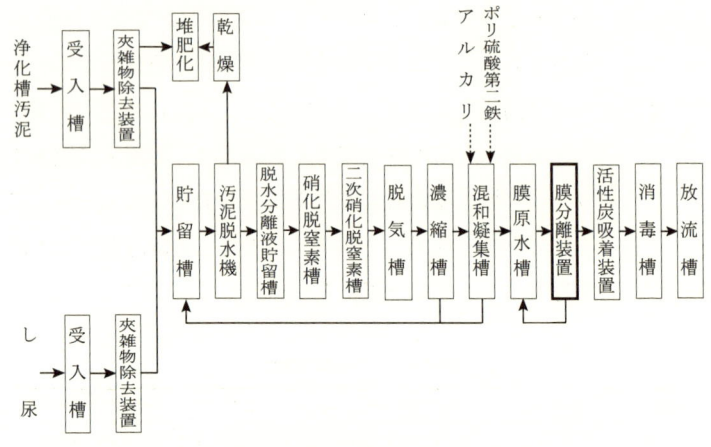

図4.7 K組合施設の処理フロー

価—第7号—[(財) 廃棄物研究財団:浄化槽汚泥混入率の高いし尿に対応した膜分離高負荷生物脱窒素処理方式] を適用したものです.

④ 膜設備の概要

ⓐ 回転平膜ユニットは135枚のディスクから構成されています (ディスク径750 mm).

ⓑ ディスクは軸に固定してあり,軸は3軸設置されています.

ⓒ ひとつの軸には45枚のディスクが固定されており,軸は吸引ポンプの配管と共用しています.

ⓓ 吸引ポンプは1基当り1台設置しています.

ⓔ ディスクは若干ラップしており,1分当り60回転します.これにより膜表面に乱流を起こしファウリングを防止しています.さらに30分を1サイクルとして吸引ポンプを,27分間運

転,3分間停止(停止中も回転する)することにより,薬品による洗浄頻度を低減させています.

ⓕ 膜原水槽から膜分離槽(FRP製約 4.5 m³)へはポンプにて約5Qを移送し,オーバーフローにより槽間を循環させています.

表 4.6 回転平膜装置の仕様

材質	ポリスルフォン
分画分子量	750 000
膜面積	101.25 m²/基
設計透過流束	0.9 m/日
電動機	2.2 kW×3軸
寸法	約 2 100 mm×3 700 mm×1 500 mm

図 4.8 回転平膜装置外観

図 4.9 三軸のディスク膜本体

4.3 浄化槽への適用

(1) 浄化槽分野への膜導入の背景と導入状況

浄化槽とは,主に各戸毎に設置され,し尿と台所・浴室などから

排出される生活雑排水とを併せて処理する施設です．浸漬型膜分離活性汚泥法の浄化槽への適用は 1991 年に始まります[5]．膜を用いることで高度な処理水が安定して得られるうえ，非常にコンパクトな装置となること，維持管理が容易であること，国の方針として単独浄化槽から合併浄化槽への切替が推進されたことなどが浄化槽に膜が用いられるようになった理由としてあげられます．

ビル排水再利用分野やし尿処理分野では，膜分離活性汚泥法の導入当初は槽外型の UF 膜が適用されましたが，浄化槽分野では当初から浸漬型の MF 膜が適用されました．これは処理水を再利用せずに小規模低濃度の排水処理を行う場合，UF 膜を適用するのは割高な技術であると考えられたためです[6]．

浄化槽に適用される膜分離活性汚泥法は，し尿浄化槽の構造基準に定められている方式と性能が同等以上であることを証明するために（財）日本建築センターの評定を取得し，国土交通大臣の認定を得る必要があります．

1994 年には，槽浸漬型膜を利用した小型合併浄化槽に関する共同研究が（財）日本環境整備教育センターとプラントメーカー 7 社，膜メーカー 3 社で開始され，1998 年に一般評定を 2 社が取得しました[7]．1995 年には浸漬型膜分離活性汚泥法としての最初の一般評定（中・大型市場向け）を膜メーカーが取得し[5]，以後様々な膜メーカー，プラントメーカーが一般評定を取得し，浄化槽分野への膜分離活性汚泥法の適用を図っています．

2005 年度末時点での浄化槽分野への膜導入実績はすべて槽浸漬型の精密ろ過膜であり，平膜約 1 000 件，中空糸膜約 500 件の計約 1 500 件と，浄化槽分野への膜の普及が進んでいることが伺えます．

4.3 浄化槽への適用

(2) 浄化槽分野への膜適用事例

a. 大型合併処理浄化槽

① 装置概要

大型合併処理浄化槽－膜分離活性汚泥方式について，以下に紹介します．本処理方式は51～5 000人槽として登録されており，処理規模は5.1～470 m^3/日です[8]．

② 水　　質

設計条件となる流入水水質および放流水水質の認定値を，表4.7に示します．膜分離に循環式高濃度活性汚泥法と凝集脱りん法を併用することにより，窒素・りん除去に対応しています．

表4.7　設計条件となる水質（単位：mg/L）

水質項目	流入水	放流水（認定値）
BOD	50～450	10以下
COD$_{Mn}$	100	10以下
T-N	50～100	10以下
T-P	5	1以下

③ フ ロ ー

フローシートを図4.10に示します．

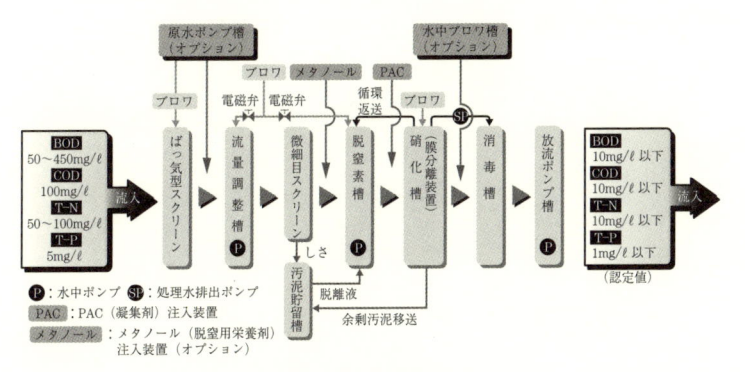

図4.10　大型合併処理浄化槽のフローシート

④ 膜 設 備

図4.11に有機平膜ユニットを，図4.12に大型合併処理浄化槽の断面パース図を示します．

有機平膜ユニットは，ⓐろ板の両側に孔径0.4 μmの膜シートを貼り合わせた膜エレメント，ⓑ膜エレメントから処理水を抜き出すチューブ・集合管，ⓒ複数の膜エレメントを収納する膜ケース，ⓓ膜ケース下部の散気装置と散気ケース，により構成されています．大型合併処理浄化槽では，50枚および100枚の膜エレメントからなる膜ユニットが設置されています．

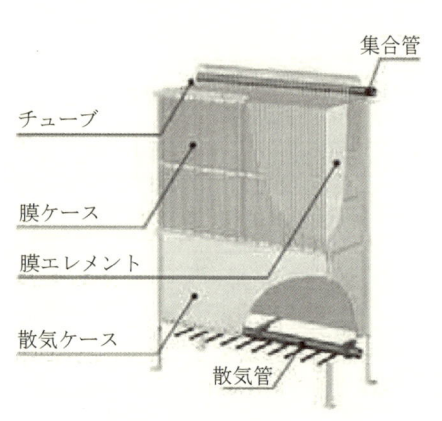

図4.11 有機平膜ユニット

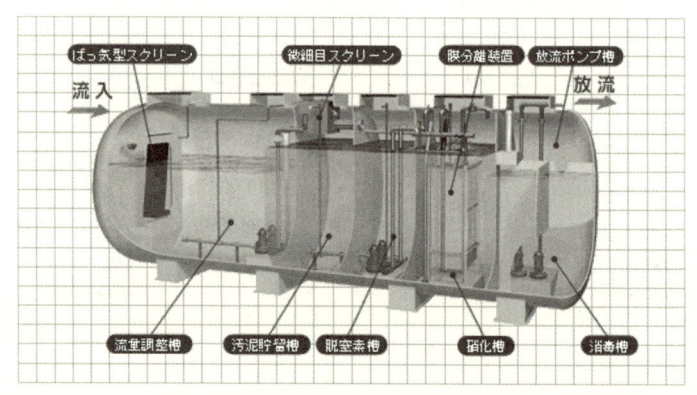

図4.12 大型合併処理浄化槽の断面パース図

b. D社四国工場

① 施設概要

本施設は事務所・工場の生活排水を処理する浄化槽です．ISO14000対策として，きわめて厳しい水質目標を達成するために，膜分離活性汚泥法が採用されています．処理対象人員は312人で，設計水量は37.44 m^3/日となっています．施設は地上型で，2 500 ϕ のFRP製の円筒でできています（図 4.13 参照）．

図 4.13 施設全景

② 水　　質

実際の水質の一例を以下に示します．

流入水質　　BOD：450 mg/L，T-N：96.3 mg/L，T-P：11 mg/L

放流水質　　BOD：0.7 mg/L，COD$_{Mn}$：8.6 mg/L，SS：1 mg/L未満，T-N：8.4 mg/L，T-P：0.3 mg/L

事務所・工場内には厨房施設がなくトイレ排水が主体となるために，流入濃度は一般的な生活排水と比較すると高くなっています．これに対して放流水はかなり低い濃度まで処理されており，工場のISO基準を満たし，膜を使う意義が十分に発揮されています．

③ フ　ロ　ー

窒素は硝化液循環法で，りんは凝集剤直接添加法で除去していま

す．窒素除去率が高いために，硝化液の循環率は日平均汚水量の7倍に設定しています．凝集剤としては塩化第二鉄の溶液を脱窒槽へ添加しており，りんと反応し生じたフロックは生物処理汚泥とともに膜で分離され，系外へ搬出処分されます．

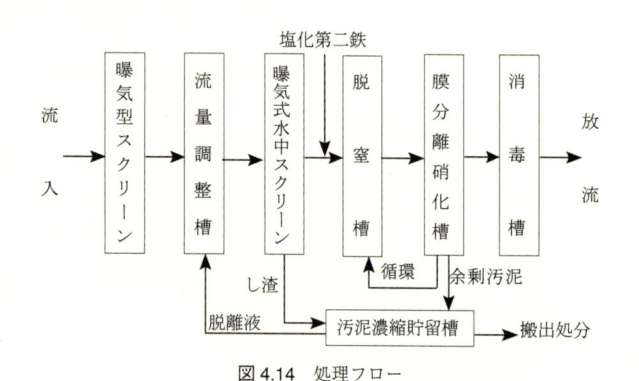

図 4.14 処理フロー

表 4.8 膜モジュール仕様

項　目	仕　様
膜種類	浸漬型外圧中空糸膜
膜材質	ポリエチレン
膜孔径	$0.4\,\mu m$
膜エレメント数	21本
透過流束	$0.22\,m/日$
吸引サイクル	6分吸引－3分停止
薬品洗浄	浸漬洗浄，約2回/年

図 4.15 中空糸膜モジュール外観

④ 設　　備

膜モジュールの仕様を表 4.8 に，膜モジュール外観を図 4.15 に示します．

膜モジュールは膜分離硝化槽内に浸漬され，その下部から曝気を行って膜面の洗浄を行うとともに，生物処理に必要な酸素を供給しています．処理水は自吸式のポンプにより吸引ろ過をしており，6分吸引－3分停止のサイクルで間欠運転しています．

4.4 農業集落排水への適用

(1) 農業集落排水処理分野への膜導入の背景と導入状況

1955 年頃から始まった高度成長時代を契機とし，農村の生活水準の向上，農村社会における混在化，農業の生活様式の変貌など農村を取り巻く状況の変化は，家庭からの生活排水量の増加とともに汚濁物質の量的増加をもたらしました．その一方で，農村から排出されるし尿や生活雑排水などの処理施設の整備が立ち遅れていたため，農業用水の水質汚濁が進行し，農作物の生育障害，農業用排水施設の機能低下など，農業生産に悪影響を及ぼす状況となっていました．

農業集落排水処理施設は，このような状況を踏まえ，農業用排水の水質保全，農業用排水施設の機能維持，農村地域の生活環境の改善，農村地域の資源循環などを目的として，主として農振地域における生活排水の集合処理を行う目的で整備されてきました．

農業集落排水処理施設の処理方式は，汚水の負荷変動に対する安定性，維持管理の容易性，維持管理費の低減などを重視した結果，

当初は生物処理として生物膜法を活用した嫌気性濾床と接触曝気を組み合わせた方式が多数採用されてきました．しかし，最終放流先の水質規制によっては，従来の有機物の除去性能に加えて窒素やりんについても除去が求められるようになり，回分式活性汚泥方式や連続流入間欠曝気法などの生物学的窒素除去法と，鉄溶液添加によるりん除去を組み合わせた活性汚泥変法による方式が採用されるようになりました．

1993～1994年頃には，『環境基本法』や水道水源二法の施行を背景に，行政や住民の環境や水問題への意識の高まりや，離島における処理水の再利用への要望，第五次総量規制により放流先の水質規制が厳しくなった地域の機能強化対策など，従来にもまして高度な処理水が求められるようになったことから，従来の有機物，窒素，りんの除去性能をさらに向上させた膜分離活性汚泥方式が採用されるようになりました．

1999年から適用が始まり，2005年度末時点での導入実績は槽浸漬型平膜24件，槽浸漬型中空糸膜6件の計30件となっています．

(2) 農業集落排水処理分野へ適用された膜技術の概要

農業集落排水処理事業は，地方自治体が農水省の補助金を得て実施するいわゆる下水処理事業で，法律的には『下水道法』によらず『浄化槽法』で管理され，処理技術は（財）日本建築センターの評定を取得した後に，国土交通大臣の認定を得て集落排水事業に適用されます[5]．

（社）地域資源循環技術センター（旧　日本農業集落排水協会）において3種類の膜分離活性汚泥方式の認定を取得しており，

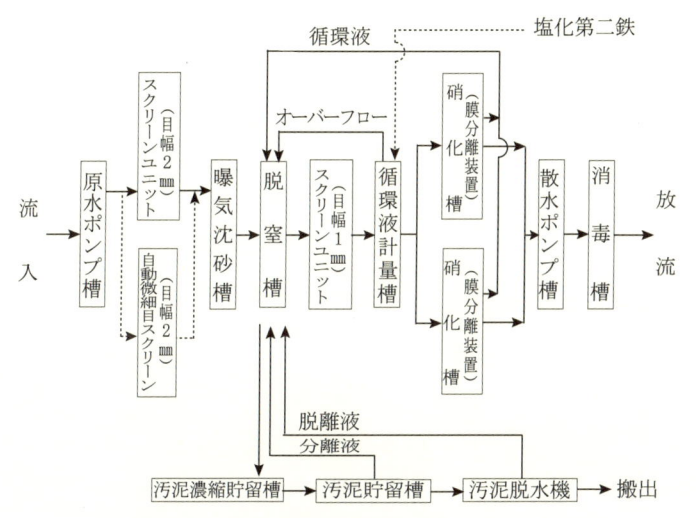

図 4.16 JARUS 型膜分離活性汚泥方式フローシート

1999 年に 101 〜 4 000 人規模の JARUS 型膜分離活性汚泥方式（2 種類），2005 年に 51 〜 700 人規模の FRP 製 JARUS－F_M 型膜分離活性汚泥方式が開発されました．

JARUS 型膜分離活性汚泥方式のフローシートを図 4.16 に示します．凝集剤添加量の違いにより，処理水 T-P 濃度が 1.0 mg / L のタイプと 0.5 mg / L のタイプとがあり，後者は JARUS 型高度りん除去膜分離活性汚泥方式と呼ばれています．

浄化槽の構造基準に準じて構造が定められており，水処理の構成設備は大きく，前処理設備，生物処理設備，消毒放流設備，汚泥処理設備の 4 つに分類されます．

膜分離活性汚泥方式では，生物処理設備を構成する処理槽は脱窒槽と硝化槽からなり，膜分離設備は硝化槽内に組み込まれ，活性汚

泥混合液から処理水を吸引ろ過して固液分離を行います．反応槽や膜分離設備の点検，清掃時を考慮し，脱窒槽1槽に対し硝化槽2槽を標準としています．膜分離設備に組み込まれる膜は，浸漬型の平膜または中空糸膜をユニット化して，硝化槽内に浸漬させています．

(3) **農業集落排水処理分野への膜適用事例**

a. 大屋原農業集落排水処理施設

① 施設概要

大屋原農業集落排水処理施設の概要を**表4.9**に，処理場外観を**図4.17**に示します．この施設では，『水源地域対策特別措置法』に基づき実施される整備計画事業として，八ッ場ダム貯水池の水質

図4.17 大屋原農業集落排水処理施設外観

表4.9 大屋原農業集落排水処理施設の概要

住所	群馬県吾妻郡長野原町大字北軽井沢地内
処理能力	590人 160 m^3/日（日平均汚水量）
処理方法	高度りん除去膜分離活性汚泥方式
膜ユニット数	2ユニット（6モジュール/1ユニット）
供用開始	2005年5月

汚濁を防止するため，JARUS型高度りん除去膜分離活性汚泥方式が採用されました．その特徴として，BOD，SS，COD_{Mn}などの高度処理と併せて窒素およびりんの除去ができ，さらに脱窒槽に流量調整機能を付加することにより施設のコンパクト化も図られていることがあげられます．

② 水　　　質

計画流入水質と処理水質を表4.10に示します．

硝化槽に塩化第二鉄を注入することによりりん除去を安定的に行い，T-Pの処理水質を0.5 mg/L以下としています．

③ 処理フロー

前掲の図4.16を参照のこと．

④ 膜設備の概要

膜モジュールの仕様および写真を表4.11および図4.18，4.19に示します．

表4.10　計画流入・処理水質

水質項目	流入水	処理水
BOD (mg/L)	200	5以下
COD_{Mn} (mg/L)	100	10以下
SS (mg/L)	200	5以下
T-N (mg/L)	43	10以下
T-P (mg/L)	5	0.5以下

ⓐ 本施設の中空糸膜ユニットは

6基の膜モジュールから構成され，硝化槽1槽に1ユニット設置されています（合計2ユニット＝12モジュール）．

表4.11　膜モジュール仕様

種類	浸漬型中空糸膜
材質	PVDF
孔径	0.1 μm
膜面積	46 m²/モジュール
膜ろ過時透過流束	0.37 m³/m²・日
寸法	幅約750 mm×奥行き約230 mm×高さ約2000 mm

第 4 章　生活排水処理への適用

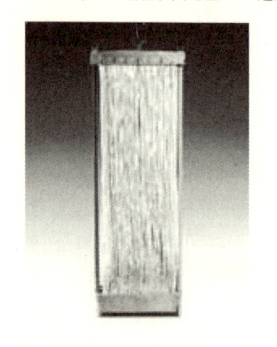

図 4.18　中空糸膜モジュール

図 4.19　中空糸膜ユニット

ⓑ　膜ユニットのろ過水収集および空気供給は，2本のろ過水収集管および1本の洗浄空気供給管により行われます．

ⓒ　膜モジュールには多くの中空糸膜がフレームに取り付けられており，その両端はそれぞれ上部，下部のヘッダーに接続されています．また，膜モジュールの下部ヘッダーの下に，膜表面への汚泥の堆積防止，膜近傍の汚泥過濃縮防止を目的とした粗大気泡エアレータが設けられています．

ⓓ　膜面や細孔への汚泥の付着を防ぐため，ろ過運転中は膜下部より常時曝気を行うとともに，10分間に30秒の逆洗を行うことにより膜面を常に清浄に保つ仕組みとなっています．

ⓔ　空気洗浄や処理水による水洗浄で落としきれない汚れは，薬液洗浄により除去します．汚れが少ないうちに定期的に洗浄することを目的とし，1週間に1回の頻度で，低濃度次亜塩素酸ナトリウム溶液（100 mg／L）を膜内部へ逆流させ，目詰り物質を除去します．この運転は自動的に行われます．

4.5 下水処理への適用

(1) 下水処理分野への膜技術導入の背景と導入状況

　下水道分野では浄化槽や農業集落排水処理施設などと比較して処理対象水量が大きく，多くの膜面積が必要となるため，コスト的に不利であると考えられ，これまで膜分離技術の導入は一部の再利用用途以外に行われていませんでした．

　しかし，近年の膜技術の発展に伴う膜価格の低下により，下水道分野への膜技術の適用も現実的な選択肢となってきたこと，また，下水道分野において窒素・りん対策や下水の再利用，修景・親水用水への適用に対応する高度処理技術の導入が求められる一方で，下水道事業を運営する地方公共団体においては公共事業費削減によるコスト縮減が求められていること，などから膜技術の導入が検討されるようになりました．

　膜分離活性汚泥法の下水道への適用に関しては，以前から大学や民間企業を中心として多くの研究が行われていましたが，公的研究機関では1996〜1997年にかけて建設省土木研究所（当時）が，移設可能な小規模暫定下水処理施設への応用を目的として，素堀の池にゴムシートを敷いて生物反応タンクとし，その中に中空糸膜を浸漬する研究を行いました[9]．

　その後，日本下水道事業団（以下 JS）が膜分離活性汚泥法の下水道への適用に関して1998〜2000年にかけて民間企業4社と共同研究「膜分離活性汚泥法の実用化」を実施しました．また引き続き，2001〜2003年にかけ「膜分離活性汚泥法の維持管理費削減に

関する研究」を民間企業6者（5社+1グループ）と行いました．

これらの研究により，膜分離活性汚泥法が下水道分野へ適用可能な技術であり，3 000m^3/日以下の規模であればOD法と同等以下の建設コストで建設でき，また，維持管理費を第1期研究時に比べ約30％低減できる結果を得ました[10]．

これらの研究結果に基づき，JSでは膜分離活性汚泥法に関する技術評価を行い，2003年11月に「膜分離活性汚泥法の技術評価に関する報告書」[11]をまとめました．これを受けて下水道への膜分離活性汚泥法の導入が開始され，2005年4月にわが国初の下水道分野での膜分離活性汚泥法を適用した施設が稼働開始しました．

現在，設計段階，あるいは計画段階にある施設を含めると約10数箇所の施設で膜分離活性汚泥法が採用される予定で，今後のさらなる適用増加が見込まれています．現在稼働中および建設中の膜分離活性汚泥法を適用した施設を，**表4.12**に示します[12]．

表4.12　稼働中および建設中の下水道用膜分離活性汚泥法施設

自治体	施設名	全体計画	今回施設	膜種類	稼働時期
兵庫県福崎町	福崎浄化センター	12 500 m^3/日	2 100 m^3/日	平膜	2005年4月
栃木県鹿沼市	古峰原水処理センター	240 m^3/日	240 m^3/日	平膜	2005年4月
高知県檮原町	檮原浄化センター	720 m^3/日	360 m^3/日	平膜	2005年12月
岡山県鏡野町	奥津浄化センター	580 m^3/日	580 m^3/日	中空糸膜	2006年4月
島根県雲南市	大東浄化センター	2 000 m^3/日	1 000 m^3/日	平膜	2006年9月
北海道標茶町	塘路終末処理場	150 m^3/日	150 m^3/日	平膜	2007年3月
福井県若狭町	海越浄化センター	230 m^3/日	230 m^3/日	中空糸膜	2007年4月
静岡県浜松市	城西浄化センター	1 375 m^3/日	1 375 m^3/日	中空糸膜	2008年3月
静岡県沼津市	戸田浄化センター	3 200 m^3/日	2 140 m^3/日	平膜	2008年3月
島根県大田市	大田浄化センター	8 600 m^3/日	1 075 m^3/日	未定	2009年3月

4.5 下水処理への適用

(2) 下水処理分野へ適用された膜技術の概要

下水処理分野へ適用されている膜分離活性汚泥法のフローを図4.20に，計画水質を表4.13に示します．

主な施設は前処理施設，流量調整タンク，生物反応タンク（無酸素タンク，好気タンク）から構成されます．施設のコンパクト化と維持管理の容易性を考慮し，1系列2池を標準としています．

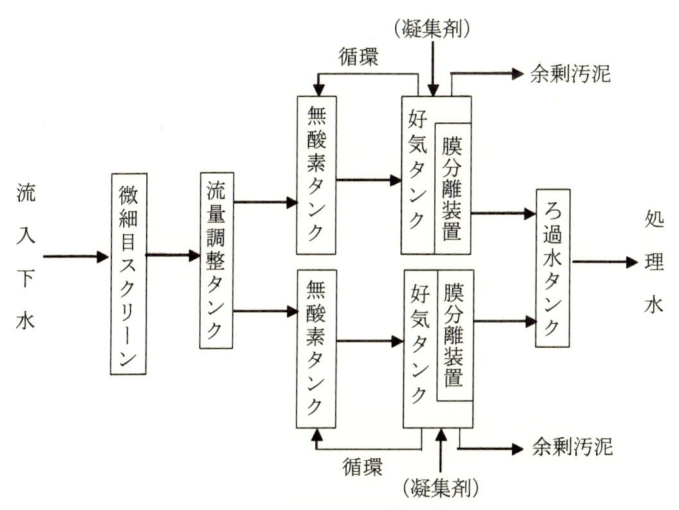

図4.20 下水道用膜分離活性汚泥法フロー

表4.13 計画水質

項目	流入下水	処理水	備考
BOD	200 mg/L	3.0 mg/L以下	
SS	200 mg/L	1.0 mg/L以下	
T-N	35 mg/L	10 mg/L以下	
T-P	4.0 mg/L	0.5 mg/L以下	同時凝集時の参考値

下水道用膜分離活性汚泥法では最初沈殿池を設置せず,目幅1mm程度の微細目スクリーンにより夾雑物を除去します.生物反応タンクのHRTは無酸素タンク3時間,好気タンク3時間の合計6時間,好気タンクのMLSS濃度は10 000mg/Lとなるよう引抜き汚泥量を調整します.

処理水は,膜の分離機能により大腸菌が検出限界以下に除去されているため,放流水質基準値3 000個/mL以下を十分に満足し,消毒を省略してそのまま放流することができます.窒素除去は生物学的循環式硝化脱窒法,りん除去は凝集剤添加法もしくは生物学的脱りん法により行われます.

膜モジュールの仕様はメーカーにより異なりますが,JSの共同研究では孔径0.1～0.4μm程度の精密ろ過膜(MF膜)で,形状は平膜2種類,中空糸膜4種類の計6種類の浸漬膜が使用されました.

(3) 下水処理分野への膜適用事例

a. 兵庫県神崎郡福崎町福崎浄化センター

① 施設概要

福崎浄化センターの施設概要を**表4.14**に示します.この施設で膜分離活性汚泥法が採用された背景として,窒素・りんなどの栄養塩蓄積による赤潮の発生防止,処理水の水道水源としての利用,親水・修景用水としての処理水再利用などの観点から,近年高度な下水処理が求められていることがあげられます.

福崎浄化センターは,瀬戸内海に注ぐ市川の支流である七種川(なぐさがわ)の右岸に位置しており,瀬戸内海の富栄養化対策としての窒素・りんの総量規制や,処理水を利用したせせらぎ水路の

表 4.14　施設概要

住所	兵庫県神崎郡福崎町西治地内
処理能力	2 100 m³/日（現有水量・認可計画） 12 500 m³/日（全体水量）
処理人口	3 740人（全体計画：17 300人）
処理方法	凝集剤併用型膜分離活性汚泥法
膜ユニット数	10ユニット（1ユニット＝400膜エレメント）
供用開始	2005年4月

併設などへの対応として，高度な処理水質が得られ，設置面積の小さい膜分離活性汚泥法が採用されました．

② 水　質

計画水質および実運転水質例を表 4.15 に示します．

凝集剤添加によりりん除去にも対応した処理方式となっており，りんの放流水計画水質値は 0.5 mg/L となっています．また，塩素消毒を行わなくても大腸菌群数は放流水質基準値 3 000 個/mL 以

表 4.15　計画水質および実運転状況（2006年度）[13]

項目	流入水		放流水	
	計画	実績*	計画	実績*
BOD (mg/L)	210	159 (120〜200)	10	0.9 (0〜2.1)
COD$_{Mn}$ (mg/L)	118	85 (67〜100)	20	5.4 (4.8〜6.4)
SS (mg/L)	200	141 (86〜310)	10	<1.0 (0〜3.0)
T-N (mg/L)	36	38 (32〜50)	10	4.9 (2.3〜9.6)
T-P (mg/L)	5.3	3.6 (3.0〜4.5)	0.5	0.20 (0.0〜0.7)
大腸菌群数 (個/mL)	—	—		0.8 (0〜7)

注）　*：実績値は平均（最小〜最大）を示しています．

下を満たしています．

③ フロー

前掲の図 4.20 を参照のこと．下水処理に膜を適用する場合には，流量変動に対応するため流量調整タンクを反応タンクの前に設置します．標準的には，計画日最大汚水量の約 4 時間程度の大きさの流量調整タンクが必要となります．

④ 膜設備

有機平膜ユニットは，ⓐろ板の両側に孔径 0.4 μm の膜シートを貼り合わせた膜エレメント，ⓑ膜エレメントから処理水を抜き出すチューブ・集合管，ⓒ複数の膜エレメントを収納する膜ケース，ⓓ膜ケース下部の散気装置と散気ケース，により構成されます．

膜エレメントの仕様を表 4.16 に，福崎浄化センターに設置された有機平膜ユニットを図 4.21，4.22 に示します．福崎浄化センターには，200 枚の膜エレメントが上下 2 段に配置された 400 枚の膜エレメントから構成される膜ユニットが，1 池に 5 ユニット設置されています．1 系列は 2 池で構成されており，1 系列 10 ユニットです．

図 4.21　有機平膜ユニット（側面）　　図 4.22　有機平膜ユニット（上部）

4.5 下水処理への適用

表4.16 膜エレメントの仕様

種類	浸漬型平膜
材質	塩素化ポリエチレン
孔径	0.4 μm
寸法	幅490 mm×高1 000 mm
有効面積	0.8 m^2/枚

b. 岡山県鏡野町奥津浄化センター

① 施設概要

奥津浄化センターの施設概要を**表4.17**に,外観写真を**図4.23**に示します.奥津浄化センターは岡山県の県北に位置する鏡野町(旧奥津町)の吉井川沿いに建設され,2006年3月31日より供用を開始しました.

表4.17 施設概要

処理水量	580 m^3/日
処理人口	1 440人
処理方式	凝集剤併用型膜分離活性汚泥法
膜設備	2ユニット(16モジュール/ユニット)

処理区上流には奥津温泉,下流には名勝奥津渓を有することから,鏡野町民の健康で快適な生活環境の確保,奥津温泉を訪れる観光客が安心して過ごせる環境の創出,および公共用水域吉井川の水質保全を目的として膜分離活性汚泥法が採用されました[14].写真中央の白壁の建物が奥津浄化センターで,臭気がなく,コンパクトな敷地面積で済むことも採用理由の一つです[15].

② 水　質

計画水質および実運転水質例を**表4.18**に示します.

凝集剤添加によるりん除去法を採用していますが,まだ流入水量

第4章　生活排水処理への適用

図4.23 奥津浄化センター外観

表4.18 計画水質および実運転状況（2006.11〜2007.7）[16]

項目	流入水		放流水	
	計画	実績[*1]	計画	実績[*1]
BOD (mg/L)	170	98 (60〜150)	20	0.5 (0.0〜2.8)
COD_{Mn} (mg/L)	80	75 (59〜110)	20	5.1 (4.2〜6.0)
SS (mg/L)	130	101 (81〜120)	10	<1.0 (<1.0)
T-N (mg/L)	36	22 (18〜28)	10	3.03 (1.6〜11.2)
T-P (mg/L)	4.0	2.43 (1.98〜3.14)	1.0	1.36[*2] (0.37〜2.74)
大腸菌群数（個/mL）	—	—	—	ND (0)

注）[*1] 実績値は平均（最小〜最大）を示しています．
　　[*2] 凝集剤無添加

が少ないため，凝集剤の添加を行っていません．また，塩素消毒を行わなくても大腸菌群数は放流水質基準値3 000個/mL以下を満たすことが膜分離活性汚泥法の特徴です．

4.5 下水処理への適用

③ フロー

前掲の図 4.20 を参照のこと．凝集剤添加型膜分離活性汚泥法を採用しています．

④ 膜設備

膜モジュールおよび膜ユニットの写真を**図 4.24，4.25** に，膜設備仕様を**表 4.19** に示します．

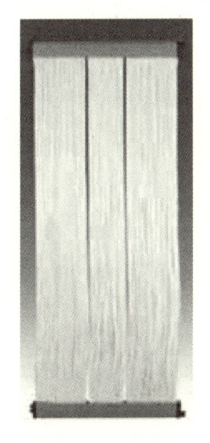

図 4.24 中空糸膜モジュール

図 4.25 中空糸膜ユニット

表 4.19 膜設備仕様

項目	仕様
膜種類	浸漬型中空糸膜
膜材質	PVDF
膜孔径	$0.1\ \mu m$
膜面積	$31\ m^2/モジュール$
膜ろ過時透過流束	$0.71\ m^3/m^2 \cdot 日$
吸引サイクル	9分吸引，0.5分逆洗，0.5分弁切替

浸漬膜として中空糸膜を使用し，16モジュール／ユニットを2池の好気タンク内に1ユニットずつ設置しています．本施設に採用した中空糸膜モジュールは，中空糸を垂直方向に配列することにより繊維状物質を絡みにくくするとともに，中空糸束を薄くすることにより中空糸間の汚水の入れ替わりを促進し，汚泥の堆積を防ぐという特徴を持っています．

膜洗浄方法として，膜下部より粗大気泡による曝気洗浄および，処理水を用いた逆洗を行うことにより，膜表面や細孔への汚泥の付着を防ぐ機構となっています．また，ファウリングの予防策として，週に1回，100 mg/Lの次亜塩素酸ナトリウム溶液を自動で膜内部へ逆流させる薬液注入洗浄を行っています．

4.6 海外での適用例

わが国での膜技術の普及は小規模排水処理分野より徐々に広がり，近年ようやく下水処理分野への導入が開始された段階ですが，海外ではより大規模処理への膜技術の適用が進んでいます．そこで，本項では下水道分野における世界の大規模膜分離活性汚泥法施設であるドイツのNordkanal下水処理場，および，下水二次処理水を再利用するシンガポールのNEWaterプロジェクトについて紹介します．

(1) Nordkanal Wastewater Plant（下水処理）[17]

a. 膜処理技術採用の背景

Nordkanal下水処理場は，ドイツのErftverband（Erft水組合）

の管理する下水処理場です．Erft 水組合はノースラインウェストフィリア州（デュッセルドルフやドルトムントなどを含む）にある大規模の水道事業体であり，エルフト川の総合的な管理（表層水の拡張と維持管理，洪水防御，水道供給の確保，地下水や排水処理の監督など）を行っています．管轄内に 46 箇所の都市下水処理施設と 1 箇所の産業排水処理施設を持ち，これらの施設の計画，建設，維持管理も行っています．

Erft 水組合は 2 箇所の膜分離活性汚泥法施設を持っており，一つは 1999 年 5 月に委託された Titz‒Rodingen 排水処理施設，これはヨーロッパ大陸で初めてのフルスケール膜分離活性汚泥法施設であり，もう一つが 2004 年 1 月に委託された Nordkanal 下水処理場です．Erft 水組合は，当初，標準活性汚泥法で Nordkanal 下水処理場を計画していましたが，下記の利点により膜分離活性汚泥法へ変更しました．

① 敷地面積が従来の標準法と比較して約 50 ％も小さくなるため（約 20 000 m^2 も省面積），用地取得にかかる費用が抑えられるだけでなく，森林再生のためにドイツの法律で定められている環境代償費も抑えられること，
② 常に高品質の処理水を安定して得られること，
③ 最も先進的な処理技術を用いることにより従来の汚水処理施設と比較して投資コストが少ないこと，
④ 膜分離活性汚泥法を用いた処理施設の建設に対して，連邦政府より投資コストの財政援助があること，
⑤ 都市下水処理分野で膜分離活性汚泥法施設による運転事例が増加していること，

⑥ 5年以上安定して稼働している Titz‐Rodingen 処理場において膜分離活性汚泥法が都市下水を処理するために必要な技術条件を明らかにし，膜分離活性汚泥法が大規模排水処理施設に適した技術であることが証明されたこと．

b． 施設概要

① 概　　要

処理人口：80 000 人，日平均汚水量：16 000 m^3/日，雨天時最大処理水量：1 881m^3/時（45 144m^3/日），維持管理要員：6名．旧 Kaarst 下水処理場から 2.5 km 離れた場所に Nordkanal 膜分離活性汚泥法処理施設を建設し，汚水は加圧パイプラインにより Kaarst 下水処理場から Nordkanal 下水処理場へ移送しています．Kaarst 下水処理場の荒目スクリーン，汚水ポンプ場，容量 3 600 m^3 の円形水槽を緊急時の調整槽として使用しています．

図 4.26　Nordkanal 下水処理場外観

② 水　質

2005 年の平均流入・処理水質を表 4.20 に示します．

処理水質は CODcr 25 mg/L 以下，T-N 10 mg/L 以下，T-P 1.0 mg/L 以下を満足しており，また別途消毒を行わなくてもヨーロッパの浴槽水質基準を満たしています．

表 4.20　平均流入・処理水質(2005 年)[18]

項目	流入水	処理水
COD_{Cr} (mg/L)	590	17
T-N (mg/L)	55	8
NH_4-N (mg/L)	40	0.11
T-P (mg/L)	10	0.21

③　処理フロー

フローシートを図 4.27 に示します．本処理場では，循環式硝化脱窒法による窒素除去，凝集剤直接添加法によるりん除去，および好気槽へ浸漬膜を直接設置する固液分離を採用しています．

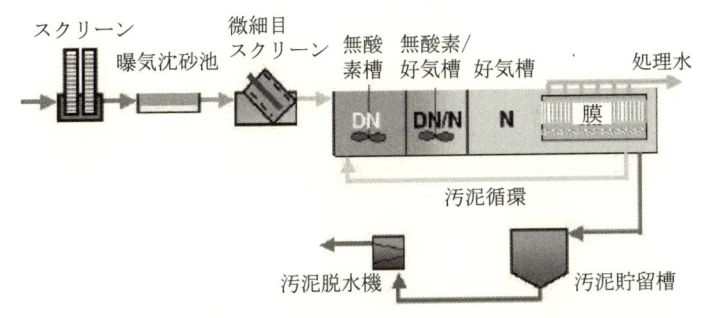

図 4.27　Nordkanal 処理場フローシート

④　設　備

好気槽外観を図 4.28 に，設備仕様を表 4.21 に示します．

膜設備として，浸漬型中空糸膜が採用されています．浸漬膜は，膜差圧が高くなると槽外の専用洗浄槽で高濃度薬液による浸漬洗浄

第4章 生活排水処理への適用

図4.28 好気槽外観

表4.21 設備仕様

項目	仕様
施設処理能力	45 150 m³/日（一時的に48 000 m³/日）
前処理設備	5 mmステップスクリーン
	曝気沈砂槽
	0.5 mmドラムスクリーンユニット
	1 mmウェッジワイヤースクリーン（非常時用）
生物処理	4系列（$V=9\,200\,\text{m}^3$）
	MLSS　12 000 mg/L
膜設備	膜種類：浸漬型中空糸膜
	膜材質：PVDF
	膜孔径：0.1 μm
	膜系列：2系列/池×4池
	膜面積：84 500 m²
エネルギー消費量	0.9 kWh/m³

を行いますが，大規模処理施設では使用される膜ユニット数が多いため，本施設では膜ユニットを槽外に出さず，膜ユニットが設置し

てある反応槽の活性汚泥水位を下げ,空気中で高濃度薬液を膜内部に逆流させる洗浄方法が行われています.

(2) NEWater プロジェクト（下水再利用）

「NEWater プロジェクト」とは,シンガポール政府が将来の水資源不足に対して講じた下水二次処理水の再利用計画を指し,PUB (Public Utilities Board) の共同プロジェクトとして1998年から強力に推進されています.以下にその概要について紹介します.

a. 事業の背景 [19]

シンガポールは,東京都23区とほぼ同じ広さの国土に400万人以上の人口を抱える多民族都市国家です.自国内の水源が限られているシンガポールでは,国内で消費する約1 360 000 m^3/日の水のうち,約1/2の原水を隣国のマレーシアから輸入しています.シンガポールとマレーシアの間では,1965年の独立前から水の売買に関する基本的な合意が存在し,その一部が2011年に満了しそれ以降はマレーシアからの水供給量が減少する予定です.これらの状況を踏まえて将来の水資源不足に対して,海水淡水化と下水二次処理水の再利用（NEWater プロジェクト）を推進しています.

現在,第1番目のBEDOK浄水場（約32 000 m^3/日）に続き,KRANJI浄水場（約40 000 m^3/日）,SELETAR浄水場（約24 000 m^3/日）までが給水を開始しており,2012年までに第4番目のULUPANDAN浄水場が建設され,合計約250 000 m^3/日の供給能力となる予定です.

b. プロジェクトの概要 [19]

NEWater の利用は図 4.29 のように 2 通りに分けられます.

第4章 生活排水処理への適用

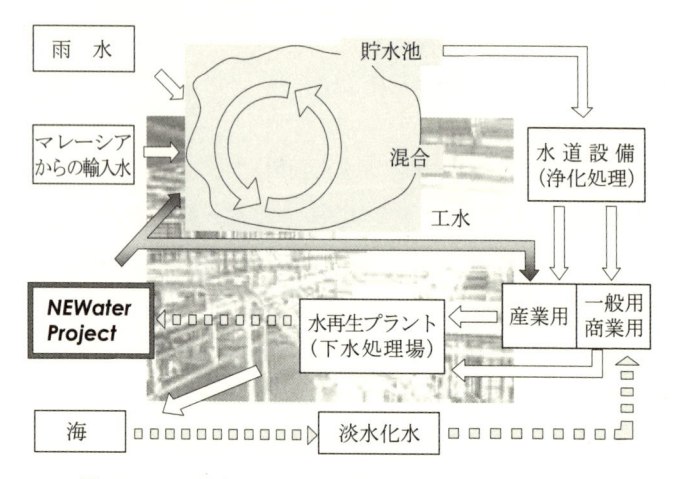

図4.29 シンガポールにおけるNEWaterプロジェクトの全体像

① 非飲料水への利用（Non Portable Water），
② 間接的飲料水への利用（IPU：Indirect Portable Water）．

前者は産業用の水で，半導体関係の工場，ビルのエアコン用，冷却水やボイラー給水などです．主な利用先である半導体工場は比較的集約して立地しているため，現在使用しているPortable WaterからNEWaterへの切替えが行いやすく，またNEWaterはPortable Waterよりやや安い価格設定にして，工場への売込みを展開しています．

後者は前者で利用されなかった水を貯水池に戻し，水源の一部として利用するシステムです．この基本的な考え方は特別新しいものではなく，アメリカを中心に既に実行されている計画的間接的飲料水への利用の一例です．しかし，シンガポールにおけるIPUは図4.29に示したように，総合システムの一環として位置づけられた

独自のシステムといえます．

現時点では，水源に占める NEWater の量は 1 ％程度とかなり少量であり，将来的にもその割合は数％程度の予定であるため，飲料用の水源として利用しても市民感情は問題ないとしています．NEWater 水は水質的には現在の飲料水よりも良質な水ですが，直接飲料水として適用することは今後も予定していません．

c. 施設概要（KRANJI 浄水場）[19]

① 概　要

本施設は下水処理施設（151 000 m³/日 [20]）と同一敷地内に設置され，下水二次処理水の一部を原水として受け入れ，高度処理を行っています．

② 水　質

　原水水質：濁度 2 〜 3 NTU，導電率 450 〜 500 μS/cm

　処理水質：濁度 < 0.1 NTU，導電率 60 〜 70 μS/cm

　　（RO 処理水の導電率は約 20 μS/cm ですが，pH 調整後高くなります）

すべての項目で WHO の基準値以下となっています．

③ フ ロ ー

主要構成プロセスは，MF 膜処理（濁質除去），RO 膜処理（塩類などの除去），UV 殺菌処理（ウイルスなどの除去，RO のバックア

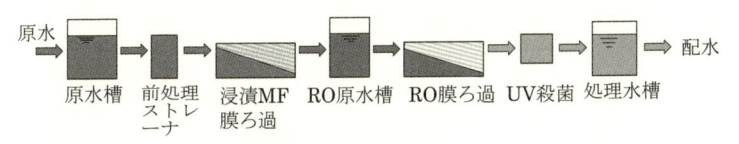

図 4.30　プラントフロー

ップ)です.

④ 設　　備

設備仕様を表4.22に,膜設備の写真を図4.31,図4.32に示します.

表4.22 設備仕様

項目		仕様
施設処理能力		約40 000 m^3/日 (将来約70 000 m^3/日まで拡張可能)
前処理設備		500 mm自動ストレーナ
MF膜設備	膜種類	浸漬型中空糸膜
	膜材質	ポリプロピレン (PP)
	膜孔径	0.2 μm
	膜本数	2 688本 (総本数)
	透過流束	0.864 m/日[21] (設計透過流束)
	回収率	90 %
	ろ過サイクル	通水25分+洗浄 (空気+水逆洗)
	薬品洗浄	浸漬洗浄 (アルカリ,酸),約1回/月
RO膜設備	膜種類	スパイラル型
	膜材質	ポリアミド複合膜
	膜本数	2 555本
	透過流束	約0.4 m/日[20] (設計透過流束)
	回収率	75 %
	薬品洗浄	1回/年 (物理洗浄無し)

図 4.31　浸漬 MF 膜ろ過設備　　　　図 4.32　RO 膜ろ過設備

参考文献

1) 安中祐子：2.ビル排水再利用システム，膜による水処理技術の新展開，176-185，2004.
2) 北九州市：エコ・キャンパス北九州学術研究都市新エネルギー導入への取り組み　カタログ.
3) 環境省：日本の廃棄物処理　平成 15 年度版.
4) 環境省：一般廃棄物の排出および処理状況等（平成 17 年度実績），環境省ホームページ.
5) 和泉清司：7.膜型浄化槽，膜による水処理技術の新展開，246-255，2004.
6) 泉 忠行：中・大型膜分離型浄化槽の維持管理における諸課題，月刊浄化槽，2005 年 7 月号，2005.
7) (財) 日本環境整備教育センター　矢橋他：膜分離活性汚泥法を用いた小型合併処理浄化槽の開発，月刊浄化槽，1998 年 3 月号，1998.
8) (株) クボタ ホームページ：http://jokaso.kubota.co.jp/jokaso/index.html
9) 鈴木 穣，小越真佐司，与儀和史：移設可能で簡易な下水処理施設に関する調査，建設省土木研究所平成 9 年度下水道関係調査研究年次報告書集，177-182，1998.
10) 村上孝雄：下水道への膜分離活性汚泥法の適用，用水と廃水，48-55，Vol.47，No.4，2005.

11) 日本下水道事業団技術評価委員会：膜分離活性汚泥法の技術評価に関する報告書 2003年11月，日本下水道事業団，東京，2003．
12) 村上孝雄：日本の下水処理におけるMBRの現状と展望，環境浄化技術，6-11, Vol.6, No.8, 2007.
13) 兵庫県神崎郡福崎町　福崎浄化センター提供データ
14) 国土交通省中国地方整備局：記者発表資料トピックス36「鏡野町特定環境保全公共下水道（奥津処理区）」．
15) 原田 実：＜岡山県鏡野町の場合＞膜分離活性汚泥法を選んだのは地元住民，月刊下水道，33-35, Vol.29, No.12, 2006.
16) 岡山県鏡野町　奥津浄化センター提供データ
17) GKW Nordkanal − The World's Largest Membrane Bioreactor Plant for Municipal Wastewater Treatment in Operation, Dipl. Ing. Norbert Engelhardt, Christoph Brepols, Erftverband, Bergheim, Dipl. Ing. Heribert Moslang, Zenon GmbH, Hilden.
18) 糸川浩紀：調査データ
19) 岡本雅文，鹿島田浩二：水道技術研究センター海外視察報告書「2.7 KRANJI NEWater FACTORY」．
20) 岩堀 博：ニューメンブレンテクノロジー2003「シンガポール下水再生利用"NEWater"大型膜処理プラントの稼働状況」．
21) MEMCOR CASE STUDY

第5章 産業廃水処理への適用

5.1 産業廃水処理の特徴と膜技術の適用

　産業廃水には鉄鋼，石油，化学工業，繊維工業，電気工業など多種多様の産業からの廃水があり，その水質，水量も多様です．処理の対象となる水質も有機性，無機性，高濃度なものから希薄なもの，また有害物や無機塩を含むものまで多種類にわたり，生産工程，稼動状況によっても水質，水量，濃度は変わってきます．さらに，産業廃水は，各種の生産工程から，強酸，強アルカリ，毒性物質や重金属類を含有するものなど，工程毎でも性状は異なります．

　このような特徴から，産業廃水の処理には好気性，嫌気性生物処理の他，凝集沈殿，ろ過，酸化，吸着，晶析など様々な処理方法が組み合わされ，本書で取り上げる膜技術も処理対象・目的によって様々な膜種，運転方法が導入されています．

　産業廃水処理装置は，工場の新設時に設置される他，増設，改造，改修によりフローの変更が行われます．その理由としては，

・水量の増加
・目標処理水質の向上
・新規処理対象物質の出現

などに対応するためです．その際，

・敷地の制限

・既設とのマッチング（前処理，後処理）

・処理水の再利用

などが制約条件としてあげられます．

産業廃水処理に膜技術が適用される理由は，膜の持つ特徴によりこれらの制約条件を容易にクリアできるためです．

例えば，膜を用いた固液分離処理では，沈殿池と比較して処理水量当りの設置面積が小さくできるため，敷地制限のある場合の水量増加への対応には非常に有効です．また，沈殿池に比べはるかに濁質の少ない処理水を安定して得ることができるため，処理水の再利用に好適です．さらに，凝集剤の使用量を大幅に削減できるため，産廃処分量が削減できるという特徴があります．

このように，産業廃水処理に膜技術を適用することで，より高い効果を得ることが可能となります．

5.2　半導体製造廃水処理への適用

(1) は じ め に

半導体業界では，情報処理の高速化や処理の大容量化を目的としてシリコンウエハの大口径化，多層配線化，パターン幅の微細化など，各種精密加工プロセスの技術開発が進められています．この一環としてウエハの平坦化技術があり，CMP（Chemical Mechanical Polishing：化学的・機械的研磨）工程が導入されています．

CMP工程とは，ウエハと研磨パッドの間に砥粒を含有する研磨

5.2 半導体製造廃水処理への適用

表 5.1 スラリ性状例

pH	10.9
外観色	乳白色
全蒸発残留物	141 000 (mg/L)
全シリカ	137 000 (mg/L)
溶解性シリカ	570 (mg/L)

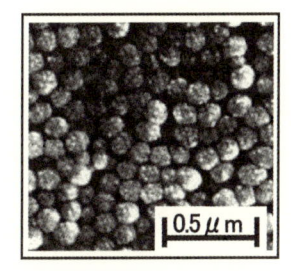

図 5.1 スラリ SEM 写真

スラリを介在させ,それぞれを回転させて表面研磨し,ウエハをミクロン単位で平坦化するものです.研磨スラリは超純水で洗い流され,CMP 廃水として排出されます[1),2)].

CMP 廃水は研磨スラリが超純水によって希釈された濁質廃水で,研磨スラリには,酸化膜研磨用とメタル配線研磨用があります.主成分としては,シリカ系,セリウム系,アルミナ系などがあり,用途に応じて使い分けされています.

酸化膜研磨用スラリは含有成分のほとんどが砥粒成分であり,わずかにアルカリ薬剤などを含有しています.表 5.1,図 5.1 に,代表的なシリカ系スラリの性状および SEM 写真を示します.研磨スラリは 0.1 μm 径程度のシリカ微粒子が主体の乳白色溶液です.

このように微細な砥粒粒子を含有する CMP 廃水は,他の廃水と混合して既設の総合廃水処理設備で凝集沈殿処理される場合が多いのですが,濁質濃度の高い CMP 廃水は凝集剤添加量が多く,汚泥発生量が増加するという問題があります.また,研磨スラリの種類によっては,混在する界面活性剤などの影響で,既設では安定処理できない場合があります.さらに,半導体の性能向上に伴い,

CMP廃水は年々増え続けることが予想され,既設では処理能力不足になる場合もあります.

このような背景から,CMP廃水を個別処理し,廃水中の砥粒成分を分離して水回収するために,CMP廃水処理にセラミック膜分離法を適用した事例を紹介します.

(2) セラミック膜概要

CMP廃水からの水回収技術としては砥粒粒子径が0.1 μm程度と微細なため,限外ろ過(UF)膜による膜分離方式の適用が有効です.CMP廃水は砥粒成分の他,アルカリ薬剤や酸化性物質を含有するため,通常の水処理装置に適用されている高分子有機膜は膜劣化の問題があります.そこで次のような特徴のある[3]セラミック膜を適用しました.

ⓐ 耐磨耗性　機械的強度が強く研磨剤ろ過時の耐磨耗性に優れている.

ⓑ 耐食性　酸化剤や酸・アルカリ薬品に対して腐食・劣化することなく,安定使用が可能である.

ⓒ 汚泥の濃縮性　高透過流束状態で膜ろ過できるため,廃水を高い汚泥濃度にまで濃縮可能である.

セラミック膜の構造を図5.2に,概要を表5.2に示します.分画分子量50 000相当のUF膜で,膜形状はモノリス型です.ケーシングにϕ 30 mm × L 1 000 mmの膜エレメントが複数本収納されています.セラミック膜の支持層はアルミナ製で,表面にチタニアコーティングが施されています.

5.2 半導体製造廃水処理への適用

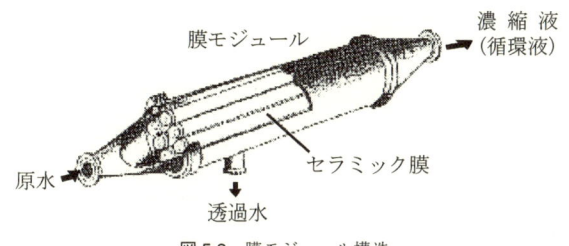

図5.2 膜モジュール構造

表5.2 セラミック膜概要

形状	モノリス型
寸法	$\phi 30 \times \phi 2.5 \times 61$穴$\times 1\,000$L (mm)
分画分子量	50 000 D
膜面積	0.48 m^2/エレメント
材質	支持層：酸化アルミナ
	ろ過面：酸化チタン

(3) CMP 廃水の膜ろ過特性

膜分離装置のろ過性能は，対象廃水の固形物濃度により影響されます．酸化膜系 CMP 廃水のスラリ濃縮倍率とろ過性能を，**図5.3** に示します．低濃縮倍率においては透過流束を高く取れ，またろ過水のシリカ濃度も低い値となり水回収に有利となります．

(4) 設備概要

図5.4 に処理フローを示します．低濃縮，高透過流束で水回収を行う1段目と，高濃縮，低透過流束でスラリを濃縮する2段目の2段膜分離方式となっています．

2段膜分離装置の経済性を評価した結果を**表5.3**に示します．試算条件は，酸化膜系の CMP 排水で，排水量 100 m^3/日を想定して

第5章 産業廃水処理への適用

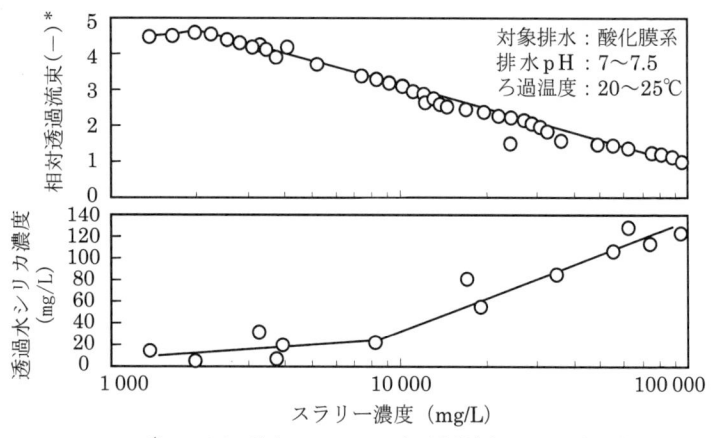

```
対象排水：酸化膜系
排水pH：7～7.5
ろ過温度：20～25℃
```

＊：スラリー濃度100 000mg/L時の透過流束を1とした相対値

図5.3 スラリ濃縮倍率とろ過性能

います．

2段膜分離装置は高い透過流束が得られるため，単段処理と比べて膜面積を1/2に低減でき，また，ポンプ台数の削減や省スペース化などの効果があり，設備費は85％，運転費は67％となり，コスト低減が可能となります．

廃水のスラリ濃度は1 500～2 000 mg/L，濃縮スラリ濃度は約50 000 mg/Lで計画しました．透過水は回収利用する予定で，透過水のシリカ濃度は1段目が20～40 mg/L，2段目が100 mg/L程度となります．両者を混合すると40～70 mg/Lとなります．本装置は納入後約6年を経過していますが，この間安定した性能を維持しています．

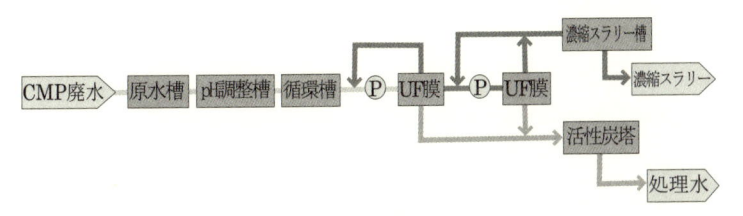

図 5.4 CMP 廃水処理フロー

表 5.3 膜分離装置のコスト比較

対象排水：酸化膜系CMP排水
排水量：100m³/日

項目 \ 方式	単段膜分離	2段膜分離
システム概要		
透過水シリカ濃度(mg/L)	120～130	40～70
設備規模 膜面積 (%)	100	50
設備規模 設備費 (%)	100	85
設備規模 運転費 (%)	100	67

5.3 火力発電所廃水処理への適用

(1) 発電設備系統排水および排ガス処理設備系統排水処理

a. 実用化の経緯

火力発電所の排水処理は，1970年に『水質汚濁防止法』が制定されて以降，長年，凝集沈殿ろ過方式が主流でしたが，平成

(1989年〜）に入って省スペース・省資源化を目的として膜分離方式の実用化研究が始められました[4]．

その後，小型試験装置および実装置規模の膜モジュールによる通水試験により，分離膜方式における最大の課題である膜面の汚染による性能低下を防止し長期安定運転できることを実証し[5]，1996〜1997年にかけて，新設石炭火力発電所で相次いで大型装置が運転を開始しました[6]．

現在では，1 000 MW級石炭火力発電所の排水処理は，膜分離方式が主流を占めるに至っています．

b. 火力発電所の系統と排水の種類

火力発電所の系統と各種排水の種類を図5.5に示します．ボイラ，タービンの発電設備系統とボイラ排ガス処理設備系統から，発電所の日常運転に伴う定常排水と，発電所の定期点検時の非定常排水が

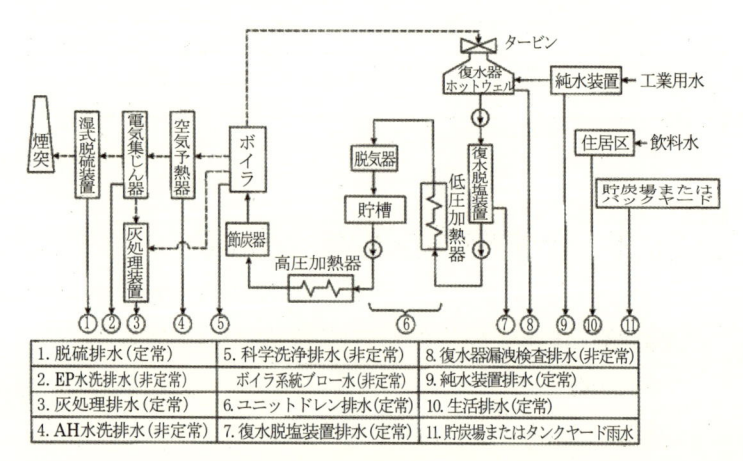

1. 脱硫排水(定常)	5. 科学洗浄排水(非定常)	8. 復水器漏洩検査排水(非定常)
2. EP水洗排水(非定常)	ボイラ系統ブロー水(非定常)	9. 純水装置排水(定常)
3. 灰処理排水(定常)	6. ユニットドレン排水(定常)	10. 生活排水(定常)
4. AH水洗排水(非定常)	7. 復水脱塩装置排水(定常)	11. 貯炭場またはタンクヤード雨水

図5.5　火力発電所の系統と排水の種類

排出され,これらの排水を集合して排水処理を行っています.

c. 石炭火力発電所の排水性状

① 発電設備系統排水

ボイラ,タービンなどの発電用水には純水を使用しているため,発電設備系統からのブロー水などは汚染が少ない排水です.

純水装置排水,復水脱塩装置排水は,イオン交換樹脂を酸・アルカリで再生した排水で,塩類濃度は高いが比較的汚染が少ない排水です.

定常排水の排水量は日量数十 m^3 程度と比較的少量です.

② 排ガス処理設備系統排水

表5.4 脱硫排水水質例

項目	排水水質
pH (−)	1.3
SS (mg/L)	3 600
COD_{Mn} (mg/L)	26
F (mg/L)	310
Fe (mg/L)	150
Mn (mg/L)	5.1
Mg (mg/L)	185
Al (mg/L)	178
Zn (mg/L)	2.4
Ni (mg/L)	0.67
T-N (mg/L)	38.7

ボイラ排ガス系統は,石炭燃焼ガス中の煤塵,硫黄酸化物,窒素酸化物などを除去するためのものであり,排水には,湿式脱硫装置から定常的に排出される脱硫排水と,排ガスの汚染を受けた機器を定期点検時に洗浄した排水があります.

石炭には地球上のあらゆる元素が含まれているといわれており,これらの排水は各種の金属類を含有し汚染度の高い排水です.

脱硫排水の水質例を表5.4に示します[7].脱硫排水はフッ素が高濃度であり,アルミニウム,鉄,マグネシウムなどを含有しています.脱硫排水の排水量は日量数百~千 m^3 程度あり,発電所排水の主要な部分を占めています.

非定常排水は発電所を停止して機器を洗浄した時の排水で,空気余熱機(AH),電気集塵機(EP)洗浄排水の水質例を表5.5に示します[7].排水量は1回当り数千 m^3 と多量であり,排水貯槽に一時貯留して処理します.

d. 処理フロー

従来方式と膜分離方式の処理フローを,比較して図5.6に示します[6].

従来方式は,脱硫排水中のフッ素,重金属類,COD_{Mn} などを除去するため,pH調整,凝集沈殿,ろ過,吸着などの単位操作を組み合わせて行いますが,沈殿槽で自然沈降させるための大きな沈降分離面積が

表5.5 AH, EP 洗浄排水水質例

項目	AH洗浄排水	EP洗浄排水
pH (-)	2~65	5~11
SS (mg/L)	2 000~5 000	1 000~3 000
Fe (mg/L)	2 000~5 000	500~3 000

【従来方式】

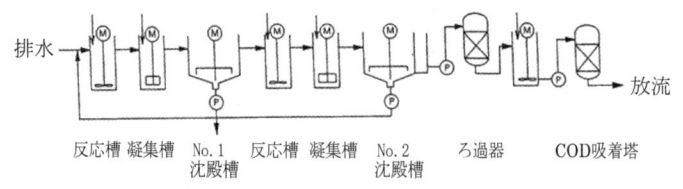

排水 → 反応槽 凝集槽 No.1沈殿槽 反応槽 凝集槽 No.2沈殿槽 ろ過器 COD吸着塔 → 放流

【分離膜法式】

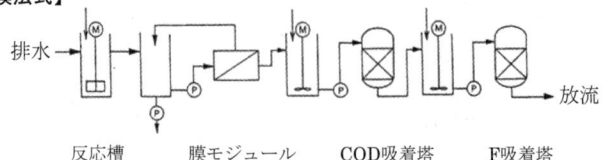

排水 → 反応槽 膜モジュール COD吸着塔 F吸着塔 → 放流

図5.6 従来方式と膜分離方式の処理フロー

必要でした.

これに対して膜分離方式は,凝集剤を加えてpH調整を行った後,膜分離を行い,残留するCOD_{Mn}とフッ素を吸着によって高度処理するもので,装置を構成する機器の数が減少し,従来,大きな設置面積を占めていた凝集沈殿関係の水槽類が無くなるため,装置を簡素化し設置面積を大幅に減少できます.

e. 分 離 膜

分離膜には,排水中の夾雑物や汚泥によって閉塞しないようチューブラー型モジュールを選定しています.小型膜モジュールの部分断面を図5.7に示します.膜チューブは凝集沈殿,砂ろ過処理の代替であるため,孔径0.2 μmの精密ろ過膜(MF膜)で,内径5.5 mmのチューブを多数束ねてモジュールを構成しています.

チューブラー型モジュールのろ過と逆洗の方法を図5.8に示します.チューブ内を一定流速で通水することにより,膜面にケーキ層

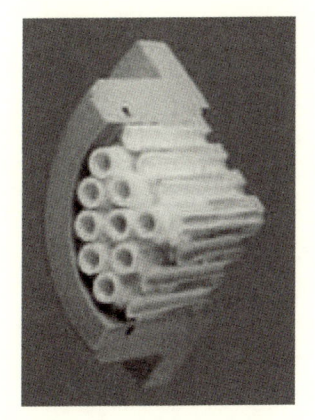

図5.7 膜モジュール断面　　　図5.8 ろ過と逆洗の方法

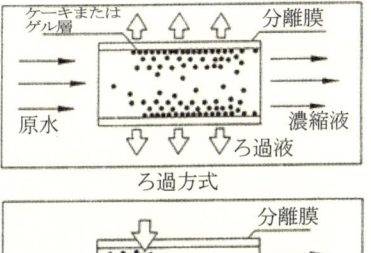

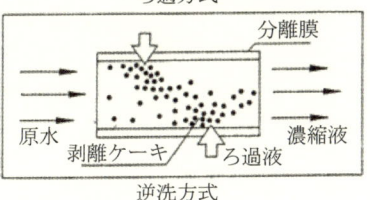

が成長するのを防止し、さらに、15分～60分に1回透過水側から水を逆流させて、膜面のケーキ層を剥離することにより、長期間透過水量を維持するようにしています.

実装置に使用する膜モジュールは、1本当りの分離面積が8 m^2 のものを、処理水量に応じて複数本使用します.

膜モジュール10本を1スキッドとして配列した例を図5.9に示します[6]. このスキッド1台で、日量400～800 m^3 の排水量を処理することができます.

f. 装置性能

膜分離装置で最も重要なことは、膜が目詰りせずに一定の水量を継続的に流せることです. 膜面の汚れは逆洗によって防止しますが、徐々に蓄積して透過流束が低下するため、定期的に薬品洗浄を行い性能を回復させます.

長期安定運転のための運転条件を求め、対策を実施した結果を図

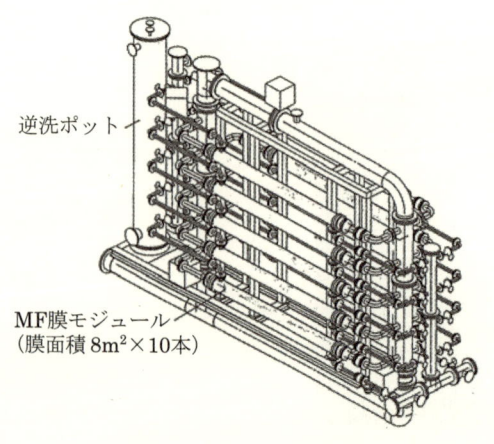

図5.9 膜スキッドの構成例

5.3 火力発電所廃水処理への適用

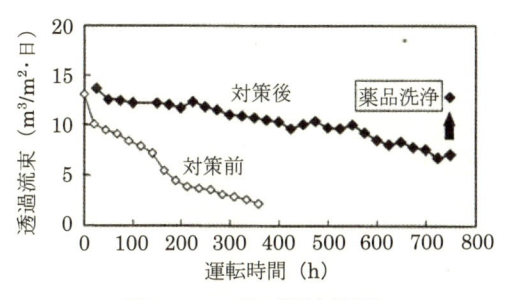

図 5.10　1ヵ月の透過水量変化

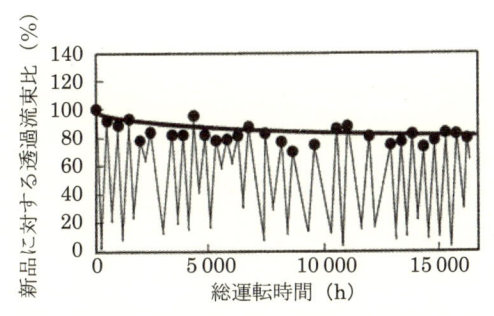

図 5.11　薬品洗浄による透過水量の回復

5.10 に示します[5]）.

　凝集反応 pH, SS 濃縮濃度, 薬品洗浄条件などを最適化した結果, 1ヵ月間薬品洗浄することなく運転できるようになりました. 薬品洗浄は, 当初, 酸洗浄により膜面に付着した金属水酸化物を溶解除去することで行いましたが回復性が悪化したため, その後, 加温した苛性ソーダ液であらかじめ油分やシリカを除去して酸洗浄することで解決しました.

　また, 膜面の汚染が膜内部に及ばないような洗浄方法を採用しています.

この結果，図 5.11 に示すように薬品洗浄を繰り返すことにより，2年間以上，性能低下が無く運転継続できることを確認しました[5]．

g. 実施例

石炭火力発電所の排水処理装置として納入した膜分離装置の1号機の概要を次に示します．営業運転を開始した後，現在まで8年間順調に稼動中です．

- 納入先：東北電力（株）原町火力発電所殿1，2号機
- 排水の種類：脱硫排水＋高塩系排水
- 処理規模：50m^3/h×3系列（1系列予備）
- 処理系統：分離膜＋フッ素吸着＋COD吸着
- 膜モジュール：8インチモジュール30本×3系列
- 営業運転開始：1号機—1997（平成9）年7月，2号機—1998（平成10）年7月

納入装置の全景と分離膜スキッドを図 5.12 に示します．従来の排水処理装置で必ず見られた大きな沈殿槽が無くなり，省スペースを実現しています．

（装置全景）  （分離膜スキッド）

図 5.12　分離膜排水処理装置例

5.3 火力発電所廃水処理への適用

本方式による火力発電所の排水処理装置は，従来の排水処理装置に比べて省スペース化，省力化を図り，さらに，薬品使用量，汚泥生成量を低減できるため，その後の 1 000 MW 級石炭火力発電所に引き続き採用されています．

(2) **貯炭場廃水の再利用**

a. システム概要

火力発電所では燃料の石炭を貯炭場で貯蔵する際，自然発火防止のために散水を行っています．この廃水には平均粒径 15 μm の微細な炭（微粉炭）が混入しており，凝集沈殿処理では十分に沈殿しません．このため，処理水を散水に再利用する場合，乾燥した微粉炭の飛散による周辺環境への汚染が生じるという問題がありました．

そこで，高度な固液分離が可能な浸漬平膜モジュールを用いたシステムを適用しました．図 5.13 に本システムのフロー，表 5.6 にシステムの概要を示します．処理水流量は 200 m³/日，膜面積は 260 m² × 2 モジュールの 520 m² です．

廃水中の微粉炭の粒径分布を測定したところ，膜孔径（0.4 μm）以下のものもわずかに存在していたため，廃水に凝集剤として

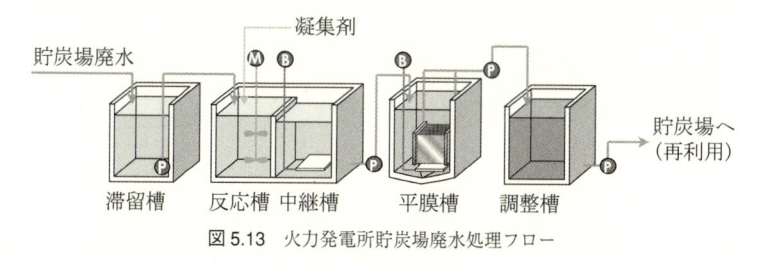

図 5.13 火力発電所貯炭場廃水処理フロー

表5.6 貯炭場廃水処理システム諸元

処理水量	200 m^3/日
膜面積	520 m^2(260 m^2×2モジュール)
膜運転Flux	0.4 m^3/m^2・日
運転サイクル	ろ過:23時間30分
	停止:30分
原水SS	1 000 mg/L
浸漬平膜槽内SS	20 000 mg/L以下

PACを少量添加して数μmのマイクロフロックを形成し,浸漬平膜で固液分離するシステムとしました.マイクロフロック形成後,中継槽を介して膜分離槽へ供給して膜分離槽内に浸漬した浸漬平膜モジュールにより吸引ろ過し,処理水を得ます.

浸漬平膜モジュール下部には膜洗浄用の散気管を設置し,膜表面を物理的に洗浄することで閉塞を防止でき,安定した処理が可能となります.

b. 浸漬平膜モジュール

図5.14,図5.15および表5.7に,本システムで適用している浸漬平膜モジュールの概要を示します.

浸漬平膜モジュールは,膜面積20 m^{2}の膜エレメント複数個で構成され,容積効率が高く,コンパクトな構造となっています.膜エレメント10個で構成されている膜面積200 m^{2}の浸漬平膜モジュールの場合,外形寸法は約1.5 m×1.3 m×1.0 mHです.膜孔径は0.4 μmの精密ろ過膜(MF膜)であり,処理水は非常に清澄で,SSおよび大腸菌を検出限界以下にすることができます.

c. 運転性能

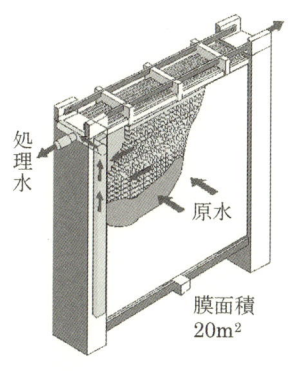

図 5.14 膜エレメント概要　　図 5.15 浸漬平膜モジュール

透過流束 $0.4\ m^3/m^2\cdot$ 日で連続運転を行い，処理水 SS 濃度は常時 1 mg/L 未満です．1日に1回，30分間ろ過を停止し，散気により物理洗浄することで薬液洗浄を行わずに，膜差圧 3 kPa 以下で運転しています．3年間に一度を目安に，浸漬平膜モジュールを順次交換しながら安定運転中です．

表 5.7 浸漬平膜モジュール概要

膜面積	40〜260 m²
	(20 m²×2〜13エレメント)
膜材質	ポリオレフィン
膜孔径	0.4 μm

5.4 食品廃水処理への適用

食品工場は地域に根付いた小規模なものが多数あります．環境省では，廃水量 50m³/日以下の中小事業所廃水処理に適した新技術の普及を図るために，環境技術実証モデル事業[8]（小規模事業場向け有機性廃水処理技術分野）の中で，浸漬型膜分離活性汚泥法による廃水処理試験を実施し，特に処理装置がコンパクトであること，処理水質が確実に良い（再利用できる）というニーズに対応可能であ

るという報告が,2004年度に公表されました.

また,農産物の加工のように工場の稼動季節が限られ,廃水処理施設が数ヵ月間休止するような場合,通常の活性汚泥法では水処理性能と固液分離性能を安定して保持できないため,活性汚泥濃度の向上が容易で,固液分離が完全に可能である膜分離活性汚泥法の適用が適しています.

今回は,醬油工場,菓子工場,澱粉工場の廃水処理に浸漬型平膜分離装置を用いた廃水処理の事例を報告します.

(1) 膜分離装置

今回の事例で使用した槽浸漬型平膜分離装置では,精密ろ過膜をABS樹脂で成形したろ板に超音波融着した膜カートリッジを,ケース内に一定間隔で垂直に並行して並べて膜ユニットとしたものであり,曝気槽内に設置されて使用されます.

膜ユニット下部には散気装置を設けており,その散気装置から空気を供給することにより,曝気槽内の活性汚泥に酸素を供給するとともに,活性汚泥混合液の上昇流により膜表面を絶えず洗浄しつつ,ろ過を行います.膜を透過したろ液は,ろ板に設けられた溝を通って,ろ板上部の集水ノズルから処理水として排出されます.

図 5.16 に膜カートリッジの仕様,図 5.17 に槽浸漬型膜分離活性汚泥法の模式図を示します.

槽浸漬型膜分離装置には以下のような特徴があります.

ⓐ 細孔径が 0.4 μm 未満であり,完璧な固液分離性能を有するため,膜透過水はバクテリアフリーです.

ⓑ 限外ろ過膜に比較し細孔径が大きく,低い圧力差で十分な透

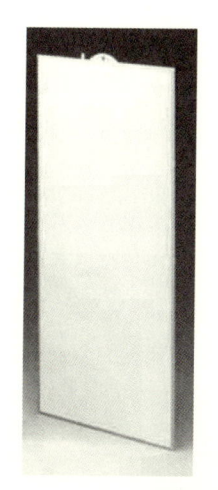

5.4 食品廃水処理への適用

細孔径	0.4 μm
膜材質	塩化ポリエチレン
ろ板	ABS
ろ板寸法	0.49×1.0m
有効膜面積	0.8m^2/枚

図 5.16　膜カートリッジと仕様

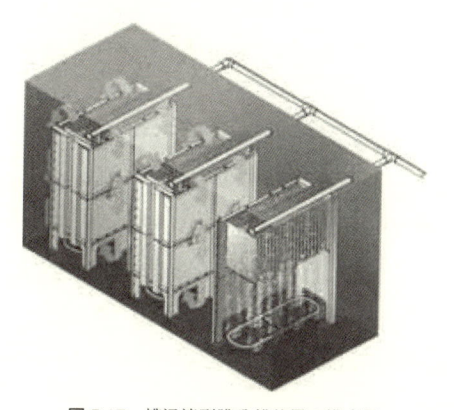

図 5.17　槽浸漬型膜分離装置の模式図

過水量が得られるため,膜装置を設置するための容積が生物反応に必要な水槽容量より小さくなるため,水処理設備をコンパクトにできます.

ⓒ 化学薬品に対する耐久性がきわめて高いため,高濃度の次亜塩素酸ソーダなどの酸化剤を使用して容易に洗浄可能です.

ⓓ また平膜形状をしているため高濃度の活性汚泥の固液分離に適用しても膜間閉塞を起こしにくい.

槽浸漬型膜分離装置は,曝気を利用した気液混相流で絶えず膜表面を洗浄しており,この曝気による水中への酸素供給を有効に利用することが省エネに通じるため,溶解した酸素が有効活用されエネルギー的に有利になる有機性廃水処理での使用例が多くなっています.

(2) 醤油工場廃水処理

香川県醤油醸造協同組合において,2004年9月から2005年2月までの約半年間,日量35 m³ の廃水を膜分離活性汚泥法により処理する実証試験を行いました.処理フロー,施設の概要,処理結果を図5.18,表5.8,表5.9に示します.

BOD,SS の除去率は 99.9 % 以上,COD_{Mn},n-Hex,T-N,T-P の除去率は 97 % 以上を達成することができました.

処理に伴い発生する汚泥量は,乾物量として 8.9 kg/日であり,汚泥収率としては 20 % 程度でした.

(3) 菓子製造工場廃水処理

菓子の工場直営店で有名な(株)シャトレーゼの白州工場は,主にアイスクリーム,ケーキ,餡子などが製造され,休日はアイスクリームの試食が可能な工場見学の参加者で賑わっています.

処理水量は 1 000m³/日,使用膜カートリッジ枚数は 3 600 枚で,

5.4 食品廃水処理への適用

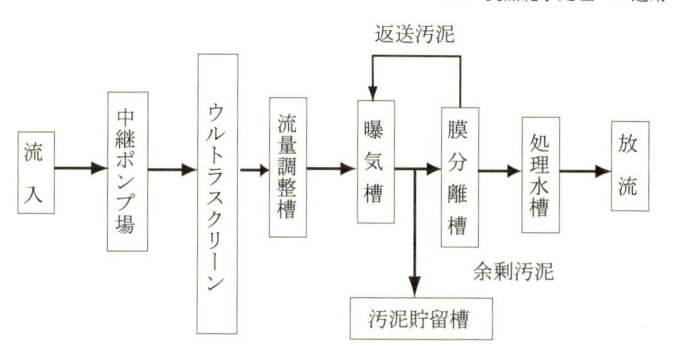

図 5.18 香川醤油処理フローシート

表 5.8 実証試験装置の概要

処理方式	膜分離活性汚泥法
使用膜	浸漬型平膜
処理対象	BOD, SS
処理容量	35 m³/日
流入水質	BOD：400 mg/L, SS：950 mg/L, pH：5.8〜8.6
目標処理水質	BOD：<10 mg/L, SS：<5 mg/L, pH：5.8〜8.6

表 5.9 実証試験結果

項目	単位	実証結果（下降接値〜上隣接値, 中央値)			
		流入水		処理水	
pH*	—	5.4〜7.9	6.6	7.4〜8.0	7.6
BOD	mg/L	430〜1 400	1 100	<0.5〜1.5	1.0
COD*	mg/L	350〜1 200	570	10〜23	13
SS	mg/L	210〜770	420	<0.5〜<0.5	<0.5
n-Hex*	mg/L	18〜620	200	<1.0〜<1.0	<1.0
T-N*	mg/L	35〜78	56	0.8〜3.1	1.6
T-P*	mg/L	6.2〜17	10	0.01〜0.17	0.03

注) 1. *印の項目は，実証対象施設が除去を目的としていない項目である．
2. 流入データ数＝23，処理水データ数＝23．

第5章　産業廃水処理への適用

```
原水 → スクリーン → 流量調整槽 → pH調整槽 → 加圧浮上装置 → 加圧浮上処理水槽
                                                  ↓
                                               フロス処理

→ 曝気槽 → 膜分離槽 → 処理水槽 → 消毒槽 →（放流）
    ↑        ↓
  汚泥濃縮槽 → 汚泥貯留槽 → 脱　水 →（搬出）
```

図 5.19　お菓子廃水処理フロー

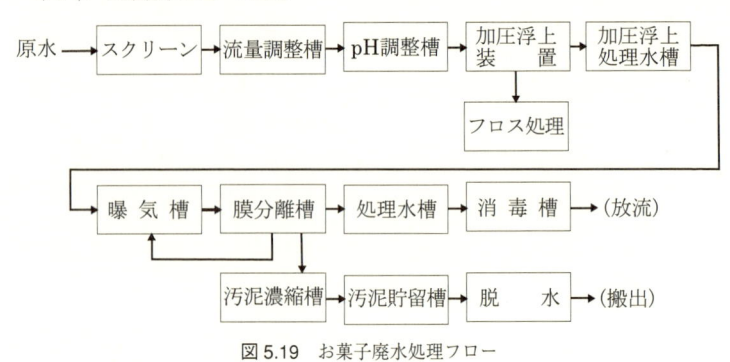

表 5.10　菓子廃水処理水質結果（単位：mg/L）

項目	加圧浮上処理水	処理水
BOD	400	1.2
COD_{Mn}	180	2.2
COD_{Cr}	600	11
SS	40	0
n-Hex	6	—

上下2段に膜ユニットを積層したいわゆる二段膜ユニットを12基使用しています．計画原水水質は BOD：2 000 mg/L，n-Hex：200mg/L で，加圧浮上分離処理および膜分離活性汚泥処理をした後の処理水質は BOD：10 mg/L 以下，n-Hex：5mg/L 以下で計画されています．図 5.19 に処理フローを示します．

本工場は，24時間年中無休で稼動しているため，汚泥を引き抜いて生物反応槽を空にすることができず，散気装置を水槽底部に固定する通常実施する据付け方法がとれませんでした．そのため，膜ユニット吊下げ用の架台を製作し，その架台にユニットを取り付け，架台を槽上部に固定して据え付けています．

最初の2ユニットを置換えて稼動させてから既に3ヵ月以上が経過しましたが，処理水量，水質（SS），膜ろ過圧力共に安定した良好な処理が行われています．表 5.10 に膜分離活性汚泥処理原水で

ある加圧浮上処理水,および膜分離活性汚泥処理水の水質分析値を示します.

(4) でんぷん工場廃水処理

北海道士幌町農協での澱粉廃水(ジャガイモ洗浄)処理は,ジャガイモの収穫期と工場の操業時期,さらに北海道特有の天候が関わるため,工場の廃水処理施設は毎年5月後半から12月中旬までの半年間のみ稼動し,冬季は施設の稼動を休止します.

このため活性汚泥法で安定した処理を行うことはほとんど不可能と考えられ,膜分離活性汚泥法が採用されました.当施設は2001年より操業を開始し,順調に稼動しています.

工場からは,原料であるジャガイモを洗浄した洗浄廃水と,ジャガイモをすりつぶし,皮と液状化したでんぷんに分離した後,液状化したでんぷんから分離された約2%程度含有されるたんぱく質を主とした廃水が発生します.蛋白質を含む廃水は,嫌気性のグラニュール状メタン菌を利用したUASB処理により,有機物をメタンガス化し回収されますが,タンパク質由来の高濃度のアンモニアは,メタン菌の活性阻害を起こすため,前処理として酸性域にてタンパク質を不溶化し浮上分離処理されています.

さらに,UASB処理水中に残存する高濃度のアンモニアは,生物学的硝化液循環方式により脱窒処理されます.施設のコンパクト化と前述した施設の半年稼動という悪条件に対応するために,最終の固液分離工程に膜分離法が採用されました.

処理水量は,日量3 000 m^3 であり,処理水はジャガイモの洗浄に再利用されています.概略処理フローを図5.20に,処理結果を

第5章 産業廃水処理への適用

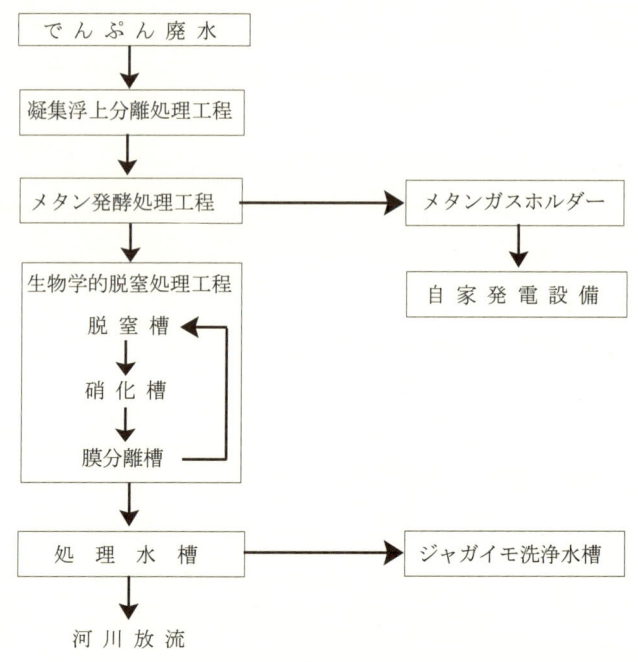

```
でんぷん廃水
    ↓
凝集浮上分離処理工程
    ↓
メタン発酵処理工程 ────→ メタンガスホルダー
    ↓                        ↓
生物学的脱窒処理工程       自家発電設備
  脱窒槽
    ↓   ↑
  硝化槽 │
    ↓   │
  膜分離槽
    ↓
処 理 水 槽 ────→ ジャガイモ洗浄水槽
    ↓
河 川 放 流
```

図 5.20 でんぷん廃水処理概略処理フロー

表 5.11 でんぷん廃水処理水質

		でんぷん廃水	膜処理水
pH	(−)	4.85	8.56
SS	(mg/L)	490	<1
BOD	(mg/L)	14 270	4.7
COD_{Mn}	(mg/L)	5 550	−
T-N	(mg/L)	1 554	20
NH_4-N	(mg/L)	118	0.2
T-P	(mg/L)	164	45

表 5.11 に示します.

回収したメタンガスは,ガス発電により電力として再利用されますが,メタンガス化の効率が良すぎて,後段の生物学的脱窒のための水素供与体としての有機物量が不足するため,廃水の一部はUASB 処理をバイパスし,後段の生物脱窒処理工程に投入しています.

年に半年程度しか稼動しないため,毎年運転開始時には,ほぼ数ヵ月間氷付けされた活性汚泥を再立ち上げする必要があることなど非常に特殊な運転操作を必要とするため,運転初期にはトラブルが報告されましたが,経験をつむにつれ非常に安定し,生物処理も良好となってきています.

参考文献

1) 土肥俊郎,河西敏雄,中川威雄:半導体平坦化 CMP 技術,日本工業調査会,13–35,1998.
2) 土肥俊郎:超 LSI デバイス化ウエハの平坦化加工／CMP 技術の確立に向けて,クリーンテクノロジー,1–6,Vol.7, No.8, 1997.
3) 天地秀雄:セラミック膜の現状,化学装置,46-48,Vol.36, No.6, 1994.
4) 渡辺,白方,烏山,八田,一柳:石炭火力発電所の新排水処理システムの開発,火力原子力発電,Vol.44, No.2, Feb., 1993.
5) 藤田,佐々木,近沢,広田,高土居,佐藤:排水処理設備における膜の長寿命化,火力原子力発電,Vol.49, No.12, Dec., 1998.
6) 八田,天笠,野口:膜式排煙脱硫排水処理装置,産業機械,9 月号,1998.
7) 電力技術指針火力編:給・排水処理設備指針,JEAG3715-2004,(社)日本電気協会火力専門部会,2004.8.
8) 環境省:環境省ホームページ 環境技術実証モデル事業報告書平成 16 年度版.

第6章 新たな分野への膜技術の適用

6.1 最終処分場浸出水処理への応用

(1) 最終処分場浸出水処理への膜技術の適用

　最終処分場に降った雨は，埋め立てられたゴミの層を通過し，汚濁物質を含んだ浸出水として流出します．最終処分場の浸出水処理施設は30〜40年前より建設され，その多くで**図6.1**に類似する処理フローが採用されてきました．その後このフローに対し，生物処理の前段に「カルシウム除去設備」，活性炭の後段に「キレート吸着設備」を採用する例が増加しました．十数年前からは**表6.1**に示すように浸出水の分野でも膜が採用され始めました．

　「凝集沈殿＋砂ろ過」の代替技術として利用される膜は，主にMF膜，UF膜であり，現在ではダイオキシン類除去のための手段としても用いられており，次節**6.2**で説明します．一方，脱塩処理技術として利用される膜は，主にRO膜，イオン交換膜であり，図6.1で示すフローの活性炭の後段

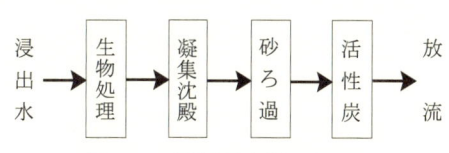

浸出水 → 生物処理 → 凝集沈殿 → 砂ろ過 → 活性炭 → 放流

図6.1　一般的な浸出水処理フロー

表 6.1 浸出水処理への膜技術の適用例

膜の適用例膜	膜の種類
①「凝集沈殿＋砂ろ過」の代替技術	MF膜，UF膜
②脱塩処理技術	RO膜，イオン交換膜

に「脱塩処理設備」を設ける例があります．

(2) 脱塩処理の意義

最終処分場に持ち込まれるゴミ質は，1990年代中頃から従来の可燃ゴミ主体のものから，不燃粗大ゴミや焼却灰を主体としたものに変化してきました．この結果浸出水は，その性状をBODやCOD$_{Mn}$といった有機物系の汚濁から，無機塩類を中心とした無機物系の汚濁へと徐々に移行している傾向があります．

特に埋立物が焼却灰主体である最終処分場では，焼却灰中に含まれる塩類やカルシウムなどがイオンとなって浸出水中に溶出し，浸出水処理施設内での機器や配管などの腐食や閉塞といった問題を発生させています．このような無機塩類による汚濁は，浸出水処理施設だけでなく，放流域の生態系や，農業用水の利用による農作物への塩害といった影響も引き起こしています．

ところが問題の塩類は，図6.1に示すような従来の有機系の汚濁を主な対象にした浸出水処理施設では除去することが難しく，処理されないまま放流されているケースがほとんどでした．この問題に対応するため，浸出水の「脱塩処理」を行う施設が増加し，膜を採用する事例が増えてきています（図6.2参照）．

浸出水の脱塩処理に用いられる膜はMF膜，RO膜，イオン交換膜があり，各膜の特徴を活かし，原水条件に最も適合した組合せを

6.1 最終処分場浸出水処理への応用

選択します.

例えば,原水の Cl⁻濃度が5 000 mg/L,脱塩水の Cl⁻濃度を上水の基準値レベルと同等と考えて200 mg/L以下とした場合,脱塩装置としてRO膜を使用します.これは高い水回収率(80%以上)が得られること,イニシャルコストおよび維持管理費用が,イオン交換膜を採用するよりも安価であることが理由です.

一方,原水 Cl⁻濃度が10 000 mg/Lを超えるような場合は,脱塩装置としてイオン交換膜を選択します.イオン交換膜はRO膜(Cl⁻:10 000 mg/Lの時回収率約55%)に比べ,高塩濃度の原

(a) 精密ろ過膜,中空糸膜

(b) 逆浸透膜,スパイラル型

(c) イオン交換膜

図6.2 最終処分場浸出水処理に適用されている膜ユニット例

水に対し高い水回収率(約70%)を得ることができます.このため濃縮液量を減少させ,後段の濃縮液処理設備が小さくでき,併せてランニングコストも削減することが可能となります.ただし,脱塩水のCl$^-$濃度をRO膜のように低くする(一般的にはCl$^-$:500 mg/L程度まで)のが難しいため,必要に応じてイオン交換膜の後段にRO膜を組み合わせることがあります.なお,脱塩した処理水はその塩類濃度(工業用水の基準ではCl$^-$:80 mg/L)によっては,浸出水処理施設内で使用されるほとんどのプラント用水に利用することが可能です.

(3) 脱塩処理施設の事例-松山市横谷埋立センター

a. 施設概要

脱塩処理を行っている実施設として,松山市横谷埋立センターがあります.松山市では2003年3月の旧一般廃棄物最終処分場の閉鎖に伴い,新しい一般廃棄物最終処分場の建設を1999年度より4ヵ年工事で建設しました.

松山市では環境行政の一環として,2003年4月より一般ゴミの分別を強化し,これに合わせて,稼動を始めた図6.3の新一般廃棄物最終処分場(以下,松山市横谷埋立センターと呼ぶ)は,埋立て

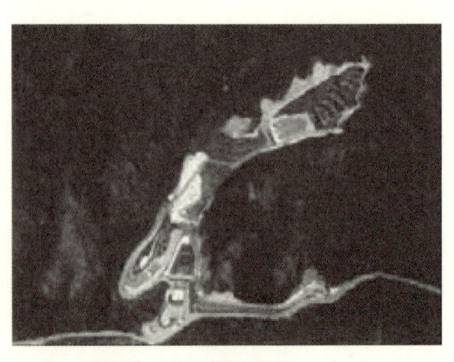

図6.3 松山市横谷埋立センター

ゴミをリサイクルできない不燃ゴミと焼却灰に制限しています.このため,松山市横谷埋立センターでは,浸出水処理水による放流域への影響を軽減するため,浸出水の無機塩類をターゲットにした浸出水処理施設(日最大 150m^3/日・日平均 84m^3/日)で脱塩処理を行っています.

b. 浸出水水質条件

松山市横谷埋立センター浸出水処理施設の設計水質条件と,従来の一般的な処理施設における水質条件を**表 6.2** に示します.両者の浸出水原水水質を比較すると,従来型の浸出水原水は BOD や COD_{Mn} の有機系の汚濁条件設定が数 100 mg/L と高いのに比べ,松山市横谷埋立センターでは有機系の汚濁条件設定が 100 mg/L 以下と低く,Cl^- や Ca^{2+} といった無機塩類をターゲットに設計された施設であることがわかります.

一方,処理水質のうち,Cl^- 濃度は 200 mg/L 以下であり,この値は水道水の水質基準値と同等です.また,BOD を環境基準の河

表 6.2 水質条件の比較

水質項目	従来型の一般的な浸出水処理施設		松山市横谷埋立センター	
	原水	処理水	原水	処理水(目標値)
pH (−)	—	5.8〜8.6	—	6.0〜7.5
BOD (mg/L)	250	10 以下	20	2 以下
COD_{Mn} (mg/L)	100	10 以下	80	4 以下
SS (mg/L)	300	10 以下	50	3 以下
T-N (mg/L)	100	10 以下	100	4 以下
Cl^- (mg/L)	設定なし	設定なし	2 000	200 以下
Ca^{2+} (mg/L)	設定なし	設定なし	500	20 以下

川の項目と比較すると,従来型の施設では10 mg/L以下のE類型に入りますが,当該施設では2.0 mg/L以下のA類型に入り,イワナやヤマメなどの渓流魚が生息する環境と同一条件となります.

施設稼動後の水質データを**表6.3**に示します.表6.2の設計水質条件に比べ,実際の流入原水のCOD_{Mn},BODは低くなっていますが,Cl^-やCa^{2+}は設計値の数倍の値を示しており,埋立物の影響が顕著に現れていると考えられます.一方で処理水は表6.2の基準を満足しており,浸出水の脱塩処理施設として十分機能していると考えられます.

表6.3 松山市横谷埋立センター水質データ

水質項目	原水	RO処理水
pH(—)	7.4	5.9※
BOD(mg/L)	12	1未満
COD_{Mn}(mg/L)	19	1未満
SS(mg/L)	4	1未満
溶解性蒸発残留物(mg/L)	17 600	140
NH_4-N(mg/L)	8.4	0.1未満
NO_3-N(mg/L)	0.2未満	0.3
T-N(mg/L)	—	0.3
Cl^-(mg/L)	9 000	61
Ca^{2+}(mg/L)	1 000	0.1未満

c. 浸出水処理フロー

松山市横谷埋立センターの浸出水処理フローを図6.4に示します.この施設の特徴は,従来の一般的な浸出水処理施設に見られる生物処理を最小限に簡略化し,物理化学処理を主体としている点です.また,3種類の異なる膜の特徴を活かし,組み合わせることで,

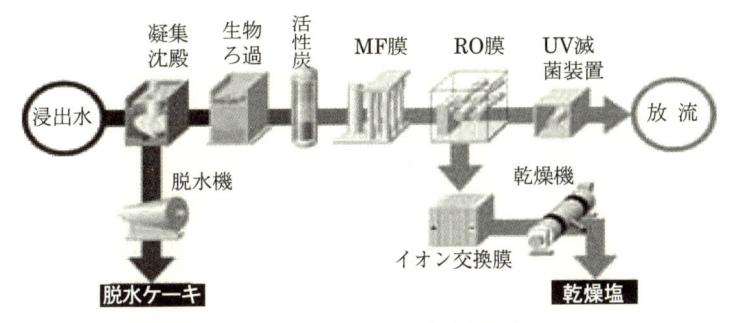

6.1 最終処分場浸出水処理への応用

図6.4 松山市横谷埋立センター浸出水処理フロー

無機塩類をターゲットにした浸出水の脱塩処理を可能にしています．分離除去した濃縮水は，ランニングコスト軽減のためイオン交換膜で濃縮・減量化し，乾燥機で乾燥固化を行っています．次に，この処理フローの中に含まれる膜について説明します．

① MF膜

活性炭処理水のSS除去と，RO膜やイオン交換膜でのSS分による膜の閉塞を防ぐため，高度な除濁のための前処理を行っています．使用している膜はポリプロピレン製，0.2 μmの中空糸膜であり，定期的な洗浄を行うことで良好な運転を行っています．

② RO膜

脱塩装置としてのRO膜の主な目的は，浸出水中の無機塩類と，窒素分の分離除去です．この他，溶解性の重金属類，細菌類，溶解性ダイオキシン類なども併せて分離除去が可能と考えられ，従来の浸出水処理水と比べて表6.3のとおりきわめて清浄な処理水を得ています．この処理水はプラント用水として，浸出水処理施設内で一部利用されています．

③ イオン交換膜

RO膜で分離除去された濃縮液の処理では，原水量と原水の塩類濃度によりランニングコストが大きく異なることは前述したとおりです．松山市横谷埋立センターの場合，濃縮液全量を乾燥機にかけ蒸発固化させるよりも，イオン交換膜でさらに濃縮・減量化して乾燥機にかける方が，濃縮・固化の部分のランニングコストが前者に比べ後者は約1/3になる試算結果となりました．そこでイオン交換膜を採用し，施設のランニングコスト低減を図っています．

d. 今後の課題

膜を利用した「脱塩処理」では，従来の浸出水処理施設と比べ，はるかに清澄な処理水が得られる反面，イニシャルコストおよびランニングコストが高いこと，高度な維持管理技術が要求されることなど，今後解決・改善すべき問題が残っています．回収した塩の利用方法と合わせ，検討する必要があります．

6.2 ダイオキシン類除去への応用

(1) ダイオキシン類処理への膜の適用

浸出水処理における「凝集沈殿＋砂ろ過」の代替技術として用いられているMF膜やUF膜には，浸漬平膜，中空糸，チューブラ，回転平膜などの種類があります．

これらの膜を使った固液分離はダイオキシン類対策上，次の観点から有効な方法と考えられます．

① 『ダイオキシン類特別措置法』において，浸出水処理水中のダイオキシン類基準値が10 pg-TEQ/L以下と定められてい

ること

② 浸出水中のダイオキシン類はSS性のものがほとんどであり，SSを10 mg/L以下にすれば基準値をクリアできると考えられていること

以上のように「凝集沈殿＋砂ろ過」の代替としての凝集膜分離は，確実な固液分離が可能な点から，採用する例が増加しています．

ダイオキシン類は溶解性（通常0.45 μm未満）と粒子性のものとに大別されますが，いずれも疎水性であるため，最終処分場の浸出水においては，浸出水中のSSや凝集沈殿処理で発生する汚泥に吸着されている割合が多くなります．従来，これらのSS成分の除去には，ろ過処理が適用されていましたが，細かい粒子を除去することが困難であり，より確実なSS成分の分離方法として，膜分離の適用が検討されてきました．

(2) 最終処分場浸出水処理におけるダイオキシン類除去の事例

a. MF膜を用いた施設

ダイオキシン類の除去を目的とした浸漬型中空糸精密ろ過（MF）膜処理の，ブロックフロー例を図6.5に示します．この例で用いられているMF膜は浸漬型の中空糸膜で，公称孔径は0.1 μm，材質はポリフッ化ビニリデン（PVDF），膜処理水量は100 m³/日です．

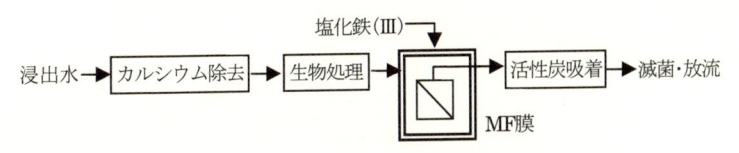

図6.5 浸出水向け浸漬型中空糸MF膜適用フロー

浸漬型中空糸膜の膜は上端部で集水管に連結され，ポンプで吸引されます．膜が設置された水槽では，汚泥などの膜への付着を防止するため，膜下部より空気を送り込み，下部から上部への水流をつくります．本設備では，埋立年数が短く，また，埋立物である焼却残渣の中間処理が十分行われていることから，原水のダイオキシン類濃度も低く，膜処理水のダイオキシン類濃度も環境基準値を十分下回る結果となっています．なお，本設備は，膜汚染対策として，週1回程度の簡易薬品洗浄および数ヵ月毎の薬品浸漬洗浄を実施しています．

b. UF膜を用いた施設

本設備も，ダイオキシン類の除去を主目的とするものです．処理のブロックフロー例を図6.6に示します．この例で用いられているUF膜はチューブラー型で，分画分子量は20 000，材質はポリスルフォン系，膜処理水量は60 m^3/日です．

UF膜はMF膜よりも孔径が小さいため，より微細な粒子が分離，除去できます．本施設も，ダイオキシン類対策としての設備となっており，凝集剤との併用により，排水基準値を十分満足する性能を発揮しています．この膜は，内径11.5 mmのチューブ状であり，原水の流れ方向とろ過水の流れが垂直となるクロスフローろ過としています．原水の流速を一定値以上に保つことで，膜への汚泥付着を防止しています．

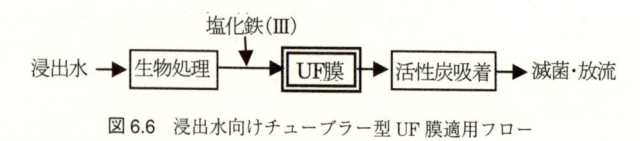

図6.6 浸出水向けチューブラー型UF膜適用フロー

(3) 都市ゴミ清掃工場におけるダイオキシン類除去の事例

ダイオキシン類およびフッ素除去対策として，都市ゴミ清掃工場の湿式洗煙排水処理向けへの適用実績を紹介します．処理のブロックフロー例を図 6.7 に示します．この例で用いられている MF 膜はチューブラー型で，公称孔径 0.2 μm，材質はポリエチレン，膜処理水量は 36 m^3/日です．

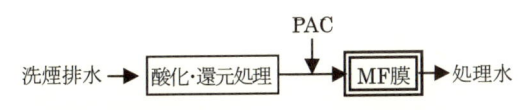

```
                        PAC
                         ↓
洗煙排水 → 酸化・還元処理 → MF膜 → 処理水
```

図 6.7　洗煙排水処理向けチューブラー型 MF 膜適用フロー

この膜は，6.2 の(2) b.で紹介したチューブラー型限外ろ過（UF）膜と同様のろ過機構であり，両者の違いはろ過孔径だけです．実際の洗煙排水への適用において，凝集剤との併用により，原水ダイオキシン類濃度数 100 pg-TEQ/L が，安定して 0.1 pg-TEQ/L 以下に処理できることを確認しています．また，本システムは，フッ素および重金属類も凝集剤，重金属捕集剤との併用により，同時処理が可能です．

(4) 焼却炉解体工事排水の再利用[1]

a. 解体工事排水の概要

『ダイオキシン類対策法』が 2000 年 1 月より施行され，2002 年 12 月からはダイオキシン類の排出規制が強化されました．そのため，これらに対応できない焼却炉は休・廃止の傾向にあります．

全国には一般廃棄物の焼却炉が 5 437 箇所ありますが，規制強化

後に休・廃止した焼却炉は約 900 箇所を超え，今後，市町村の合併などにより，さらに休・廃止が増えると予想されます．休・廃止に伴う解体工事では，粉塵などが外部へ拡散することを防ぐために，高圧ジェット水で汚染物を除去（除染）し，湿潤状態で解体を行うことが指針で定められています．

解体工事で発生した排水には，高濃度のダイオキシン類が含まれており，産廃処理費が高額となります．解体工事費用削減と環境負荷低減のため，この排水を現場で処理し，再利用することが望まれています．

ゴミホッパーから灰コンベアーまでの固形物を高圧ジェット水で洗浄するため，解体工事排水には飛灰はもちろんのこと，腐敗したゴミなどの有機物も多く含まれています．ダイオキシン類の分子量は 500 前後といわれていますが，排水に含まれるダイオキシン類の大部分は懸濁物質に結合した形で存在しています[2),3)]．

b. 処理システムの事例

図 6.8 に排水再利用装置の概観写真を，図 6.9 に解体工事排水再利用フローの事例を示します．

懸濁物質を除去することによりダイオキシン類の大部分を除去することができますが，本システムでは，新規に開発した無機系の特殊凝集剤を使用し，沈

図 6.8 排水再利用装置の概観

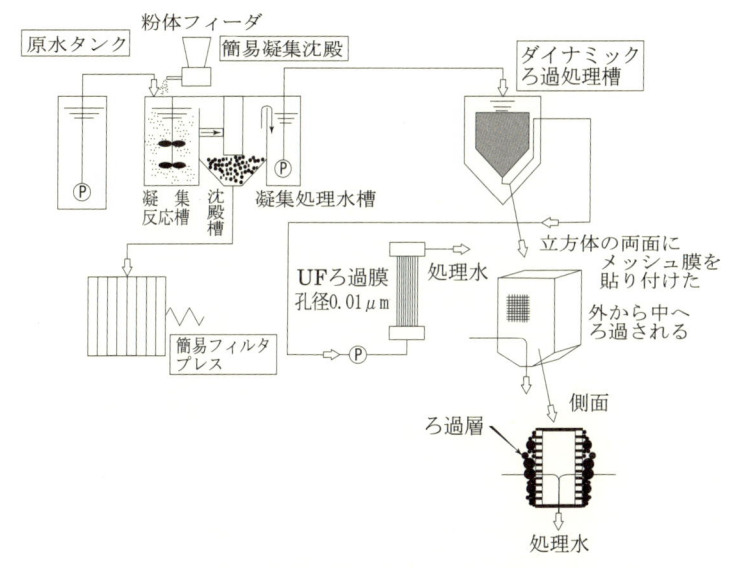

6.2 ダイオキシン類除去への応用

図 6.9 解体工事排水再利用フローの事例

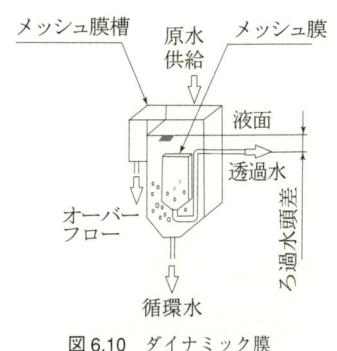

殿槽をできる限り小さくし，沈殿しきれない微フロックなどをダイナミック膜で処理する方式を採用しています．

ダイナミック膜処理とは，排水中の濁質分をメッシュ膜（孔径 50 μm 前後）の表面に堆積させ，その堆積層（ダイナミック層）をろ過体として水と濁質を分離するろ過法です（図 6.10）．ろ過差圧を数 cm に抑えることにより，長時間安定した運転を可能としました．しかし，それでも長時間ろ過を続けると堆積層が緻密

図 6.10 ダイナミック膜

図 6.11 UF 膜モジュール

になり，ろ過性能が低下してくるため，定期的に超音波洗浄を行い，堆積層を剥離させます．本システムでは，60 分ろ過，2 分洗浄を繰り返すことで，10 ～ 20 m/日の高い透過流束を維持しています．

また，ダイナミックろ過では微小粒子を除去することができないため，処理の後段では UF 膜を用いています．本システムに使用している UF 膜の孔径は 0.01 μm で，内圧中空糸クロスフロー方式を採用しています（**図 6.11** 参照）．

本システムでは，凝集汚泥をフィルタープレス処理しているため，排水の循環再利用に適しており，既に 20 箇所以上の解体工事現場で使用されています．処理水質例を**表 6.4**，**表 6.5**，原水・処理水の性状を**図 6.12** に示します．

凝集沈殿・ダイナミック膜処理と UF 膜処理により，ダイオキシン類はほぼ完全に除去できます．重金属類，BOD・COD_{Mn} も除去され，下水道への放流基準値以下となっています．**表 6.6** に再利用装置の使用実績を示します．

6.2 ダイオキシン類除去への応用

表6.4 処理水中のダイオキシン類濃度(単位:pg-TEQ/L)

	下水道受入基準値	A解体工事	B解体工事
原水	—	2 500	9 000
処理水	10	0.004	0.035

表6.5 原水および処理水の重金属類および有機物

項目	下水道受入基準値 (某自治体)	某自治体一般焼却炉解体工事	
		原水	処理水
カドミウム	0.1mg/L	0.039	0.008
シアン化合物	1mg/L	<0.01	<0.01
有機リン	1mg/L	<0.1	<0.1
鉛	0.1mg/L	6.2	0.05
六価クロム	0.5mg/L	<0.05	<0.05
砒素	0.1mg/L	0.04	<0.01
亜鉛	5mg/L	5.9	0.2
BOD	160mg/L	110	22
COD_{Mn}	160mg/L	220	68

本システムは小型で設置工事が簡便であり,解体工事用途に適しています.今後,このシステムを汚染土壌の浄化処理や化学工場の排水処理にも適用させる予定です.

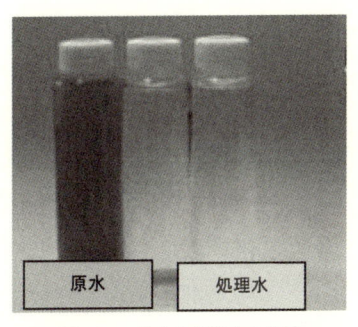

図6.12 原水と処理水の性状

第6章 新たな分野への膜技術の適用

表6.6 再利用装置使用実績

年度	地区	公共／民間	焼却炉種別	焼却能力／備考
2002年度	中部	民間工場	汚泥焼却炉	
	九州	民間工場	電気集塵機	
	九州	地方自治体	一般焼却炉	6t/日
	近畿	地方自治体	一般焼却炉	20t/日
	中部	民間工場	一般焼却炉	
	近畿	地方自治体	産廃焼却炉	
	近畿	地方自治体	一般焼却炉	200t/日
	四国	地方自治体	一般焼却炉	19t/日×2
	九州	地方自治体	一般焼却炉	150t/日×2
2004年度	近畿	地方自治体	汚泥焼却炉	
	近畿	地方自治体	一般焼却炉	200t/日
	北海道	地方自治体	一般焼却炉	300t/日×2
	九州	地方自治体	一般焼却炉	20t/日
	関東	民間工場	一般焼却炉	
	中国	地方自治体	一般焼却炉	
	四国	地方自治体	一般焼却炉	
	中部	地方自治体	一般焼却炉	
	関西	地方自治体	一般焼却炉	

(5) 適用に際する留意事項

ダイオキシン類除去を目的としたMF，UF膜処理適用事例について紹介しました．適用に際し最も留意することは，安定した処理が行える仕様，運転条件とすることです．特に，閉塞による透過流束の低下は，施設運用に大きな影響を与えます．

多くの浸出水処理施設では，大雨対策として，処理水量の数十倍規模の調整槽を設けることが多く，雨量が少なく浸出水量も少ない

時期には，薬品洗浄などによる膜性能回復対策の時間が十分にありますが，雨量が多く，浸出水量も多い時期には，十分な時間がとれなくなります．膜を安定運転するためには，日常の水質，運転状況管理および早期かつ定期的な洗浄を行うことが必要となります．

6.3 凝集沈殿・UF膜による洗車排水の再利用システム

環境汚染防止および水資源確保の観点から，洗車場で排出される洗浄水（洗車排水）を処理し，再利用することが求められています．この洗車排水中には，砂・埃などのSS分以外に，鉱物油やワックスなどの油分，洗剤に含まれる界面活性剤などが含まれています．洗車場は全国に約4万箇所あり，ほとんどがガソリンスタンド内に設置されています．

洗車排水の再利用処理として，これまでに電気分解，加圧浮上，オゾン，吸着処理，生物処理などが検討されてきました．しかしながら，これらの方法は処理水を再利用するという目的に対しては，必ずしも満足できるものではありませんでした．

この問題を解決するために，洗車排水用の油水分離用凝集剤が新たに開発され，凝集沈殿とUF膜を組み合わせた再利用システムが考案されました（図6.13参照)[4]．

(1) 実験的検討

a. 凝集剤の選定

凝集剤には市販の凝集剤と，今回新たに開発したベントナイト，

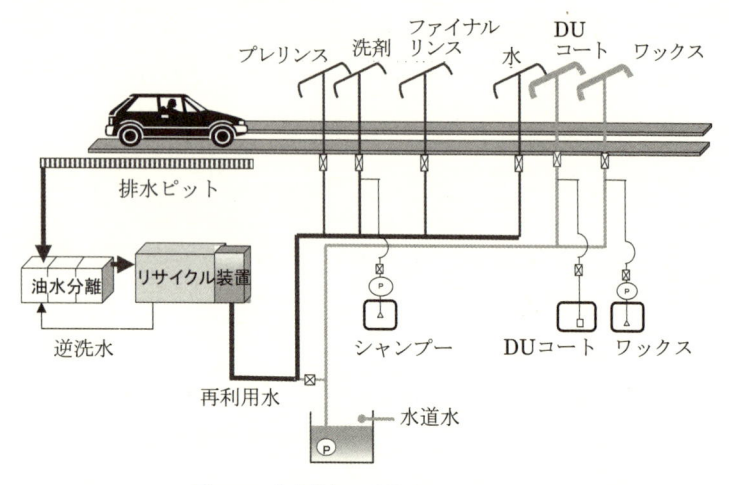

第6章 新たな分野への膜技術の適用

図6.13 洗車排水の再利用システムフロー

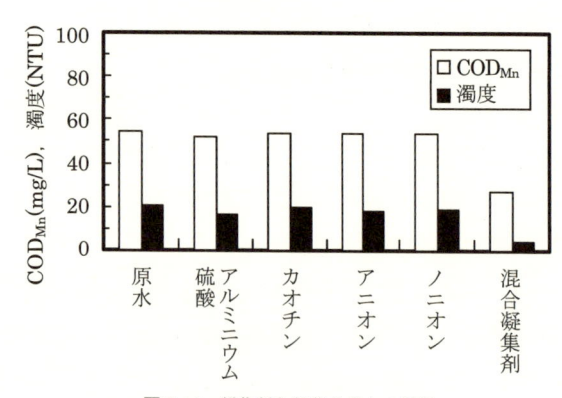

図6.14 凝集剤と凝集効果との関係

硫酸アルミニウム,アルギン酸ナトリウムおよびカチオン系ポリアクリルアミドからなる混合凝集剤を用いました.これらの凝集剤を使用して凝集沈殿処理を行った結果を,図6.14に示します.

縦軸に上澄水のCOD_{Mn}濃度および濁度を示しました.市販の凝

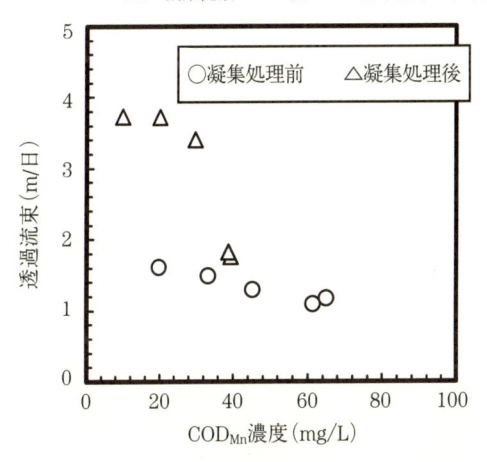

図6.15 透過流束に及ぼす膜供給液COD_{Mn}濃度の影響

集剤にはほとんど凝集除去効果が認められませんでしたが，混合凝集剤では，COD_{Mn}成分や濁質の除去性能が高いことが明らかとなりました．

次に，COD_{Mn}濃度の異なる5箇所の洗車排水を混合凝集剤で凝集沈殿処理し，上澄水についてUF膜ろ過試験を行いました．UF膜には，分画分子量150 000の酢酸セルロース製中空糸膜を用いました．図6.15に透過流束とCOD_{Mn}濃度との関係を示します．混合凝集剤で処理することにより，COD_{Mn}濃度は減少し，同時に透過流束も向上させることができました．

b. 洗車場における凝集沈殿・UF膜ろ過試験

膜面積16 m^{2}のモジュールを3本搭載した試験機を洗車場に設置して，再利用システムの実証試験を行いました．この実証試験では，洗車で使用する水に占める再利用水の割合（＝リサイクル率）を

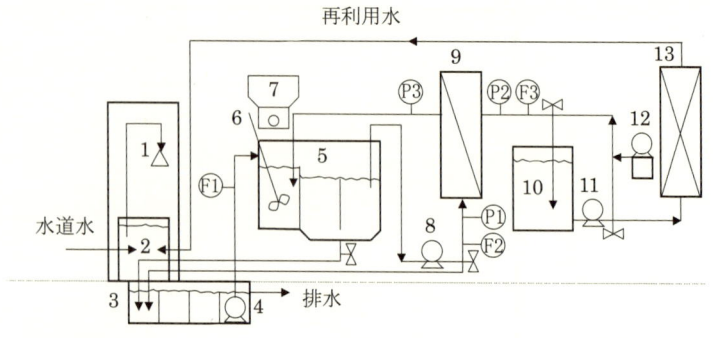

第 6 章　新たな分野への膜技術の適用

```
1：洗車機                6：攪拌機              13：活性炭カラム
2：リザーバータンク       7：凝集剤供給機        P1, P2, P3：圧力計
3：油水分離槽            9：UF 膜モジュール     F1, F2, F3：流量計
4, 8, 11：ポンプ         10：ろ過液タンク
5：凝集沈殿槽            12：薬液逆洗ユニット
```

図 6.16　洗浄排水再利用試験装置のフロー

70 ～ 80 ％に設定しています．図 6.16 に，実際に洗車場に設置した再利用試験装置のフローを示します．

洗車機横に備え付けられたリザーバータンク内の再利用水が洗車機へ供給されると装置は起動し，リザーバータンク内が満水になると停止するようになっています．凝集沈殿槽は凝集剤添加・攪拌槽槽，沈降分離槽および上澄水貯留槽の 3 槽から構成されています．

UF 膜ろ過は，クロスフロー線速 0.05 m／s，膜差圧 10 ～ 35 kPa の条件下で行い，有効塩素濃度 5 mg／L の次亜塩素酸ナトリウム水溶液で 30 分に 1 回の割合で 1 分間膜ろ過水による逆圧洗浄を行いました．この時，凝集沈殿槽底部に堆積する凝集汚泥を自動的に引き抜きます．UF 膜の後段には水質向上を目的に活性炭を設置しました．

図 6.17 に，透過流束の経日変化および再利用水の洗車機への総

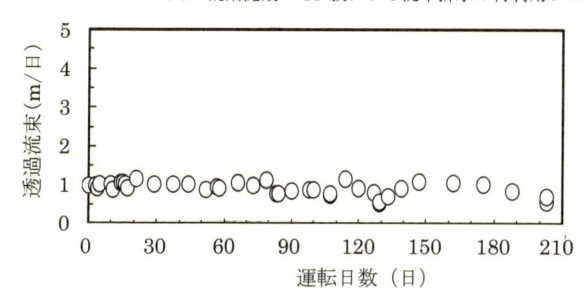

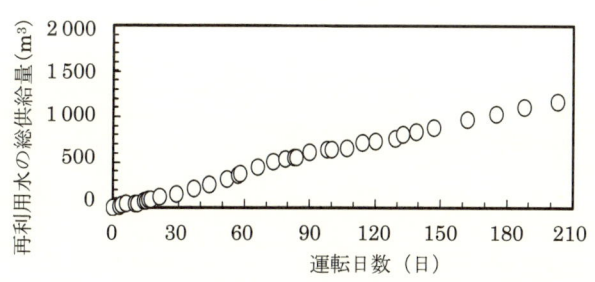

6.3 凝集沈殿・UF 膜による洗車排水の再利用システム

図6.17 透過流束の経日変化および再利用水の洗車機への総供給量

供給量を示します．運転開始後半年以上にわたり，透過流束は1.0 m³/(m²・日) を維持することができ，半年間で洗車機への総供給量は1200m³ に達しました．

また，この期間における原水，凝集・膜ろ過水，活性炭処理水の水質を**表 6.7** に示します．凝集沈殿処理により洗車排水中に含まれる油分や COD_{Mn} が除去され，これによって透過流束は長期間安定し，さらに膜ろ過により凝集フロックを含むSS分は，ほぼ完全に除去されます．無機イオン濃度に関しては，原水，凝集・膜ろ過水，活性炭処理水においてほとんど差がなく，本実験で設定したリサイクル率条件下では無機イオンの濃縮は見られませんでした．

第6章 新たな分野への膜技術の適用

表6.7 原水,凝集・膜ろ過水,活性炭処理水の水質

	洗車排水	凝集沈殿・UF処理水	活性炭処理水
pH	6.5〜7.3	6.6〜7.3	6.7〜7.1
BOD (mg/L)	4.8〜50.0	1.3〜28	2.5〜14.0
COD_{Mn} (mg/L)	7.7〜41.7	5.7〜20.5	3.7〜15.7
濁度 (NTU)	4.1〜63.5	<0.05	<0.05
SS (mg/L)	16〜94	<0.5	<0.5
n-ヘキサン抽出物 (mg/L)	2.4〜16	<0.5	<0.5
電気伝導度 (mS/m)	7.7〜18	9.8〜20	9.2〜18
硬度 (mg-$CaCO_3$/L)	22〜42	25〜44	23〜44
Na^+ (mg/L)	4.6〜24	4.1〜16	4.5〜16
Cl^- (mg/L)	9.0〜18	9.5〜24	9〜18
SO_4^{2-} (mg/L)	21〜34	12〜35	9〜39
E-Coli (CFU/cm^3)	21〜34	<5	<5

表6.8 再利用装置仕様

処理能力	2 400 L/h	3 200 L/h	4 000 L/h
適用洗車機	連洗, ドライブスルー	連洗	連洗
月間洗車台数	3 000台	4 000台	5 000台
電源	AC 200 V×3 kW	AC 200 V×4 kW	AC 200 V×4 kW
外形寸法 (m) W×L×H	1.15×2.25×2.1	1.5×2.85×2.1	1.5×2.85×2.1

図6.18 洗車排水再利用装置概観

(2) まとめ

ベントナイト,硫酸アルミニウム,アルギン酸ナトリウムおよびカチオン系ポリアクリルアミドからなる混合凝集剤を用いて,実機レベルによる連続試験を行いました.凝集剤添加量 50 mg/L の条件下で,半年以上,透過流束 1.0 m³/(m²·日) を維持することができました.また,活性炭処理水の BOD 濃度,COD_{Mn} 濃度および $n-$ヘキサン抽出物量は,それぞれ,2.5～14.0 mg/L,3.7～15.7 mg/L および 0.5 mg/L 以下でした.

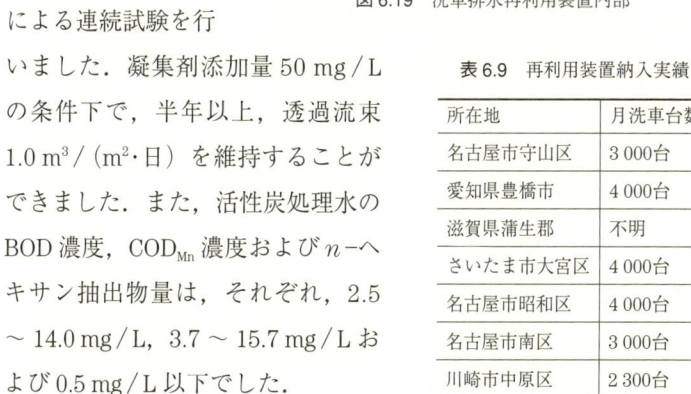

これらの結果をもとに設計された再利用装置の仕様を**表 6.8** に,再利用装置の概観および装置内部を**図 6.18**, **図 6.19** に示します.また,実際に稼動している再利用装置の納入実績を**表 6.9** に示します.

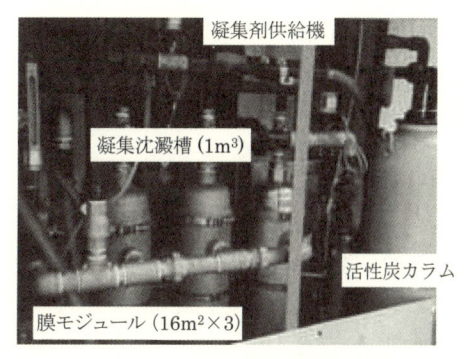

図 6.19 洗車排水再利用装置内部

表 6.9 再利用装置納入実績

所在地	月洗車台数
名古屋市守山区	3 000 台
愛知県豊橋市	4 000 台
滋賀県蒲生郡	不明
さいたま市大宮区	4 000 台
名古屋市昭和区	4 000 台
名古屋市南区	3 000 台
川崎市中原区	2 300 台
大阪府富田林市	2 000 台

6.4 オゾン耐性膜の下水再生システムへの応用

下水再生水は,都市内における貴重な水資源として水洗用水,融

雪水，修景用水，散水用水など様々な用途への利用が進んでいます．さらに近年では，ヒートアイランド対策としての打ち水利用など，地球温暖化対策としての新たな用途も期待されています．一方，クリプトスポリジウムなどの病原微生物による健康被害が社会問題となり，水の安全性への関心が高まっています．

2005（平成17）年4月，国土交通省都市・地域整備局下水道部および国土技術政策総合研究所下水道研究部によって『下水処理水の再利用水質基準等マニュアル』[5]が作成され，下水処理水再利用における衛生学的安全性の確保，美観・快適性の確保，施設機能障害の防止の観点から，新たな水質基準および施設基準が設けられました．

下水再生システムは，これまで砂ろ過，ストレーナ，生物膜ろ過，オゾン，塩素などの技術を単独あるいは組み合わせて導入されてきました．また，MF膜やNF膜を組み合わせた膜分離システムは高い処理性を有し，水質面では優れた技術として実験的に検証されてきていますが，設備コストや維持管理性に課題を残していました．

ここでは，より安全で良好な水質とコスト低減を目指して開発されたオゾンと，オゾン耐性を有する中空糸MF膜を組み合わせた下水再生システムについて紹介します[6],[7]．

(1) 新しい下水再生システム

a. 処理フローと特徴

下水再生システムに膜分離技術を応用する場合，有機物によるファウリングが膜の高透過流束化や長期安定運転を阻害する原因となるため，その対策が不可欠です．オゾンは消毒，脱色，脱臭効果を

6.4 オゾン耐性膜の下水再生システムへの応用

有していると同時に，溶存オゾン共存下で膜ろ過することにより，膜のファウリングが抑制され，長期安定運転を実現できることが確認されています[8]．

新しい下水再生システムの処理フローを，図 6.20 に示します．処理フローは下水二次処理水を原水として，生物膜ろ過，オゾン処理，精密ろ過膜から構成されています．生物膜ろ過ではアンスラサイトを充填したろ過塔に下向流で通水しながら，充填材に繁殖する微生物により二次処理水中の有機物を分解し，残留するアンモニア性窒素の硝化を促進し，有機物や亜硝酸性窒素の低減を図っています．

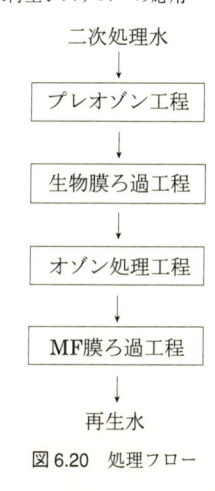

二次処理水 → プレオゾン工程 → 生物膜ろ過工程 → オゾン処理工程 → MF膜ろ過工程 → 再生水

図 6.20 処理フロー

その生物膜ろ過処理水にオゾンを添加し，脱色，脱臭，殺菌を行い，さらに，精密ろ過膜では残留する懸濁物，微生物の死骸などを除去します．膜ろ過は，溶存オゾン存在下で行い，ファウリングを抑制し，高膜透過流束で安定な運転を可能にします．

b. オゾン耐性ろ過膜のろ過特性

本システムには，オゾン耐性の高いポリフッ化ビニリデン（PVDF）製の孔径 0.1 μm の外圧型中空糸精密ろ過膜を採用しています．

溶存オゾン濃度が膜差圧の挙動に及ぼす影響を図 6.21 に示します．二次処理水を生物膜ろ過した後，膜ろ過水の溶存オゾン濃度が 0 mg/L になるようにオゾンを添加して膜ろ過した場合は，膜差圧は急激に上昇しています．しかし，膜ろ過水の溶存オゾン濃度を 1

第 6 章　新たな分野への膜技術の適用

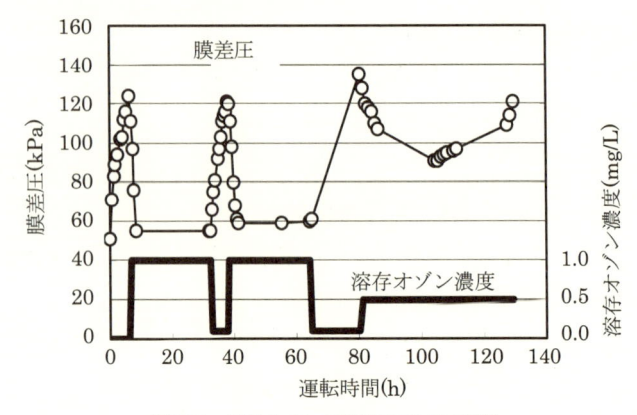

図 6.21　溶存オゾンの膜差圧に及ぼす影響

mg/L に調整すると，膜差圧は急速に低下し，ほぼ初期の膜差圧まで回復しています．また，溶存オゾン濃度が 0.5 mg/L では膜差圧の回復は不十分です．

このことから，膜ろ過水の溶存オゾン濃度を 1.0 mg/L 程度にコントロールすることにより，膜差圧の上昇を抑制し，安定な運転を可能にできます．

膜ろ過水の溶存オゾン濃度を 1.0 mg/L にコントロールし，膜透過流束 5 m^3/m^2・日，水逆洗とエアスクラビングの同時併用洗浄（間隔 15 分）の運転条件での長期連続運転を行った際の膜差圧の変化を図 6.22 に示します．3 800 時間（約 5 ヵ月）の運転で，膜差圧は 120 kPa まで上昇しています．しかし，薬品洗浄の目安である膜差圧 200 kPa にはまだ余裕があり，薬品洗浄の間隔はおおむね半年に 1 回程度と推定されます．

このことから，本システムの膜ろ過設備は，従来の膜ろ過設備では得られなかった高膜透過流束での設計が可能であり，コンパクト

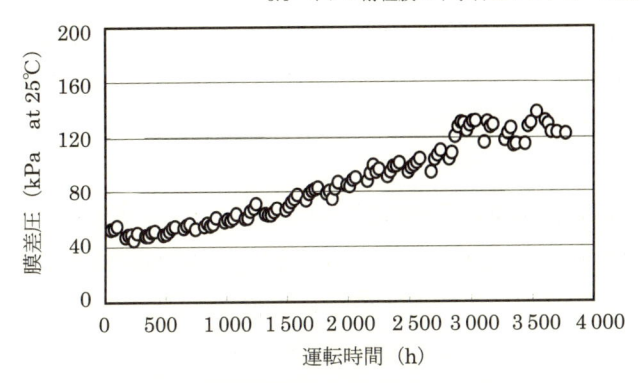

6.4 オゾン耐性膜の下水再生システムへの応用

図6.22 長期連続運転における膜差圧の経時変化

表6.10 コスト試算例（円/m^3）[6]（処理水量：3 000 m^3/日）

項　目	本システム	砂ろ過＋オゾン	MF＋RO
建設償却費（償却期間20年）	26.4	21.6	58
維持管理費 （内訳）電力費，膜洗浄・交換費，点検補修費，人件費	26.2	18.9	70
合　計	52.6	40.5	128

な設置スペースや建設コストの低減が期待できます．

c. 他の方式とのコスト比較

処理水量3 000 m^3/日規模の本システムの建設コスト，維持管理コストを試算し，砂ろ過とオゾンを組み合わせたシステムおよび精密ろ過膜（MF膜）と逆浸透膜（RO膜）を組み合わせたシステムとのコスト比較を行いました．試算結果を表6.10に示します．本システムは，（MF膜＋RO膜）システムの1/3程度と試算されました．また，砂ろ過とオゾンの組み合わせシステムに比べてやや高

(2) 実用例—東京都下水道局芝浦水再生センター下水再生施設

1998年度から2000年度にかけて行われた共同研究成果を踏まえて,芝浦水再生センターに実設備が建設されました.2004年4月より稼動し,再生水は品川地区や汐留地区の都市再開発地区のトイレ用水として供給されています.また,ヒートアイランド対策用の散水や打ち水にも利用されています.

a. 再生設備の概要とフローシート

処理設備は二次処理水を原水として,4 300 m^3/日の再生水を製造しています.フローシートを図6.23に示します.

膜ろ過設備は,膜エレメントを収納するステンレス製のケーシングを配置した膜ろ過ユニット,加圧ポンプ,逆洗ポンプおよびエア

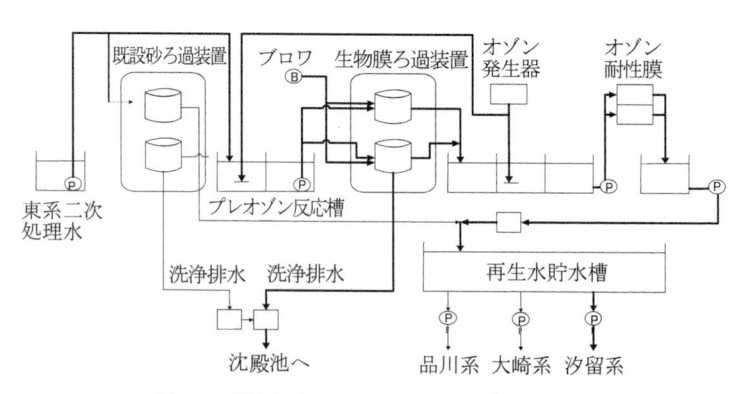

図6.23 芝浦水再生センター再生設備のフローシート

スクラビング用ブロアから構成されています.

膜ろ過ユニットは2系列からなり,膜モジュールは1ユニット当り28本配置されています.1系列当り約2550 m^3/日の処理能力を有しています.膜ろ過ユニットの写真を図6.24に示します.

図6.24 膜ろ過ユニット

b. 再生水水質

本システムで得られる再生水には懸濁物,色度,臭気がなく,細菌やクリプトスポリジウムも検出されず,衛生学的にも安全な水質が得られ,きわめて良好な再生水が製造されています.

(3) おわりに

循環型社会における潤いある水環境を構築するために下水処理水はきわめて有用な水資源であり,様々な用途への適用が期待されます.ここでは,生物膜ろ過,オゾンおよびオゾンに耐性を有するPVDF製のMF膜を組み合わせた下水再生システムを紹介しました.現在,実設備は順調な運転を続けており,今後も再生水の需要拡大が見込まれています.

第6章 新たな分野への膜技術の適用

参考文献

1) 宮崎泰光 他：限外ろ過膜を使用したダイオキシン含有排水処理，膜シンポジウム2003，日本膜学会，2003.
2) 桜井健朗：水環境におけるダイオキシン類の動態，水環境学会誌，Vol.21，NO.7，1988.
3) 酒井伸一：ダイオキシン類による水環境汚染，水環境学会誌，Vol.21，NO.7，1988.
4) 浜田豊三 他：凝集・UF膜・活性炭処理による洗浄水の再利用システム，濾過分離シンポジウム，5-7，2003.
5) 国土交通省都市・地域整備局下水道部および国土技術政策総合研究所下水道研究部：下水処理水の再利用水質基準等マニュアル，2005.4.
6) 竹下壽一，曽根啓一，北村清明：オゾン耐性膜を用いた再生水製造システムの開発，月刊下水道，68-71，Vol.26，No.6，2003.6.
7) 石井啓一：生物膜ろ過，オゾン，オゾン耐性膜からなる再生水製造システムの開発・導入，下水道協会誌，31-36，Vol.41，No.499，2004.5.
8) 澤田繁樹，住田一郎，松本幹治：オゾンを共存させたMF膜ろ過におけるファウリング抑止効果，水道協会雑誌，12-21，Vol.69，No.7，2000.12.

水の再利用 Q & A

Q 1. 下水処理への膜の適用は今後どの程度普及するのでしょうか？

A 世界的には,中東など水資源が不十分である地域は多く,海水淡水化にRO膜が適用されています．しかし，エネルギーコストを考えると，海水淡水化より下水処理水の再利用の方が有利ですので，今後は，中東や中国など水資源が逼迫している地域で，下水処理への膜の適用はどんどん進むと思われます．

一方，わが国では，大都市ではトイレのフラッシュ用水などへ下水処理水を再利用する目的で，既に膜の適用は進んでいます．しかし，全国的に見ると，水資源はおおむね豊富にあり，中東のように水を再利用しなければならないというほどではありません．

水の再利用という目的での膜の適用は限られるものの，膜の処理水の水質は非常に良好であり，また塩素などで消毒する必要もありませんので，河川などの水環境を良好にし，昔のように泳げる川を復活させようとか，水道原水の水質を改善して，おいしい水道水を配るようにしようという目的からは，膜処理は非常に有望な技術で，今後の普及が期待されます．

Q 2. 膜について調べるにはどうすればよいでしょうか？

A 下記の学術団体等のホームページに，様々な膜に関して資料があり，閲覧できます．

表1

膜全般	膜分離技術振興協会	http://www.amst.gr.jp
	日本膜学会	http://wwwsoc.nii.ac.jp/membrane
水道	(財)水道技術研究センター	http://www.jwrc-net.or.jp
下水道	日本下水道事業団	http://www.jswa.go.jp
海水淡水化・排水再利用	(財)造水促進センター	http://www.wrpc.jp
浄化槽	(財)日本建築センター	http://www.bcj.or.jp
	(財)日本環境整備教育センター	http://www.jeces.or.jp
廃棄物(し尿含む)	(財)廃棄物研究財団	http://www.jwrf.or.jp
	(財)日本環境衛生センター	http://www.jesc.or.jp
食品	食品膜・分離技術研究会	http://membrane.eng.niigata-u.ac.jp/mrc
その他	メンブレン情報室	http://www.tcn.zaq.ne.jp/membrane/index.html

Q 3. 膜分離活性汚泥法において，膜が破れたり，切れたりすることはありませんか？ 膜の寿命（耐用年数）や交換時期はどのように判断すればよいでしょうか？

A 膜は，通常の使用においては，交換が必要なほどの重大な損傷を受けることはまずありませんが，不適切な条件で運転した場合や点検時に不適切な取扱いを行った場合には，膜が損傷する（破れたり，切れたりする）ことがあります．

平膜の場合は，破れても内部の不織布や集水部で泥が詰まることにより，また，中空糸膜の場合は，切れても中空糸の内部などに泥が詰まることにより，全体の水質に大きな影響を及ぼすことはありません．配管に濁度やSSを検知する装置を設置することにより，膜の異常を自動で検知することも可能となります．通常は，膜の損傷の検知は処理水のサンプリング・水質試験によって行い，濁度やSS，大腸菌群数の測定により，損傷の有無を判断します．その後，どのユニットで損傷があったかを特定していきます．

また，膜の寿命（耐用年数）は，処理対象排水や使用方法により大きく異なりますが，し尿や産業系排水の場合には3～5年，生活系排水の場合には5～10年程度と言われています．

膜の寿命は，薬品洗浄を実施しても圧力損失が回復しない場合や，薬品洗浄の間隔がきわめて短くなった場合に，膜の交換時期であるとして判断します．また，上記のように膜に損傷が発生した場合にも，交換が必要であると判断される場合があります．

Q 4. 膜分離活性汚泥法のコストは他の処理方式と比べて高いのでしょうか? また,膜分離活性汚泥法が大規模処理に適用されるための条件はなんでしょうか?

A 膜分離活性汚泥法は他の処理方式に比べて格段に処理水質が良く,安定性も良いので一概にコストだけでは優劣がつけられません.

標準活性汚泥法などの処理方式と比較した場合,膜分離活性汚泥法の建設時には,必要用地面積が小さいこと,最初沈殿池や最終沈殿池,消毒設備などが不要になること,生物反応タンクの容量が小さくなることといったコスト低減要因と,微細目スクリーンや膜ユニットといったコスト増加要因とがあります.

また,維持管理においては,汚泥管理が不要であること,汚泥発生量の減少や消毒薬剤が不要であるといったコスト低減要因と,曝気動力の増加や膜交換が必要といったコスト増加要因とがあります.

他の処理方式は大規模処理の場合にスケールメリットが得られることが多いのに対して,膜ユニット費用は処理水量に比例して増加するため,スケールメリットがでないと言われています.しかしながら,膜ユニット価格の低下や曝気動力の低減といった課題の克服および水質の良さやコンパクト性に対する行政的優遇措置の実施により,膜分離活性汚泥法の大規模処理への適用が可能になります.

Q 5. 膜分離活性汚泥法の維持管理において，注意すべき点は何でしょうか？

A 膜分離活性汚泥法の維持管理においては，膜差圧の管理と，膜ファウリングの結果として膜差圧の上昇が見られる場合に，薬液洗浄を実施することに注意が必要となります．

●膜差圧の管理

膜分離活性汚泥法の維持管理において最も重要なのは，膜差圧の管理です．膜ファウリングの進行に伴って膜差圧が上昇してきます．膜差圧は，徐々に上昇しますが，ある時点からは上昇の割合が急激に速くなります．膜モジュールには，通常，限界膜差圧と管理目標値の膜差圧が設定されていますが，差圧が管理目標値に近づいてきた時点で，薬液洗浄を実施します．膜差圧は，普通，系列毎に管理します．透過水量に比例して高くなり，水温の低下や活性汚泥粘度の上昇によっても高くなるため，透過水量や膜分離タンクの水温，MLSS 濃度も運転指標として記録しておく必要があります．

膜差圧が急激な上昇を示す場合には，以下のような原因が考えられます．

①ブロワの故障，散気管の閉塞などにより空気洗浄が不十分である．

→エアレーションが均一に行われているか確認する．一時的な空気洗浄停止による膜差圧の上昇は薬液注入洗浄の実施により回復するが，散気管閉塞による上昇の場合は膜モジュールを引き上げ，散気管や膜モジュールの水洗

　　　　　浄を行う．

②粘度の増加など，汚泥性状の悪化

　　　→ろ紙ろ過量測定により汚泥のろ過性をチェックする．水温低下によりろ過性が低下した場合は，薬液注入洗浄頻度を高める，凝集剤を添加するなどによりろ過性の改善を図るようにする．

③悪質排水の流入による膜の閉塞

　　　→薬液注入洗浄頻度を高め，それでも膜差圧が回復しない場合は，膜モジュールを引き上げて点検する．

●薬液洗浄

　薬液洗浄の実施間隔は，膜モジュールや排水の性状によって異なりますが，通常は，上記のとおり膜差圧の管理目標を設定し，膜差圧がそれに近づくと薬液注入洗浄を行います．また，膜差圧の状況にかかわらず，予防管理的に定期的に薬液注入洗浄を行うメンテナンス洗浄という方式もあります．

　薬液注入洗浄を行っても膜差圧が回復しない，ろ過中に洗浄空気が停止したなどの原因により，ヘビーファウリングを起こしてしまった場合には，膜を反応タンクから引き上げて，薬液槽に浸漬する浸漬洗浄が必要です．この場合，薬液槽に浸漬する前に，清水（処理水）をかけてできるだけ汚れを落とします．ブラシや高圧水を使うこともあります．

Q6. 膜分離活性汚泥法では，活性汚泥の管理は不要ですか？

A 膜分離活性汚泥法では，活性汚泥の沈降性は処理水質には影響しませんが，生物反応の低下は処理水質に影響します．また，活性汚泥の凝集性（フロックの形成状況）が悪く，活性汚泥上澄み水の濁りが著しい場合，膜を通過する微細な粒子の量が増えるため，ファウリングが生じやすくなる傾向があります．このため，活性汚泥の管理は全く不要ということではなく，以下のような点に注意が必要となります．

● MLSS 濃度

反応タンク MLSS 濃度は，通常，8 000 ～ 15 000 mg／L で運転し，できるだけ一定で運転するのが理想的です．汚泥濃度が高すぎると活性汚泥の粘度が上昇してろ過性が悪化し，逆に引き抜きすぎて汚泥濃度が低下しすぎると，処理水質の悪化（硝化など）やファウリングの原因となることが考えられます．したがって，MLSS 濃度に注意しながら，余剰汚泥の引き抜き頻度を決める必要があります．

● 発泡

膜分離活性汚泥法においても発泡が起こる場合があります．対症療法としては，処理水によるシャワーが有効です．消泡剤を使用する場合には，必ずアルコール系の消泡剤を用い，シリコン系消泡剤は使用しないよう注意が必要です．発泡が著しい場合，悪質排水の流入によって活性汚泥の状態が悪化していることも考えられるので，流入水質のチェックも必要です．

Q 7. 膜分離活性汚泥法では，流入水量に対する管理は不要ですか？

A 膜分離活性汚泥法においても，流入水量に注意して計画することや維持管理することが必要となります．

●流量変動

小規模な下水道に見られるように流量変動が大きい場合には，流量調整タンクにより流量を均等化するのが基本です．通常，下水処理場の建設においては計画日最大水量に対応できるような膜面積を確保できるよう計画しますが，これを超える水量が一時的に入ってきた場合には，流量調整タンクや反応タンク水位調整によりピークをカットして運転を行います．

●流入水量の少ない場合

供用開始直後の小規模下水などでは，流入水量が計画に比べて極端に少ない場合が考えられます．このように，流入水量が少ない場合には，膜分離活性汚泥法においては，間欠運転を行っても特に問題は生じません．ただし，休止後にろ過を再開する場合，洗浄空気をまず数分間送風してから，ろ過を開始することが必要です．

また，特に流入水量が少ない場合には，反応タンク内のMLSS濃度が減少していく可能性がありますので，MLSS濃度に注意して運転する必要があります．

Q 8. 各排水処理分野（浄化槽，農業集落排水，下水，ビル排水再利用，し尿，産業廃水，下水二次処理水再利用）に適用されている膜の種類は？

A 各排水処理分野に適用されている膜の種類（**表2**参照）は，膜の中では比較的孔径の大きいMFやUFといった膜が使用されています．処理水の再利用用途で期待される水質が高いと後段にNF，RO膜を使用します．

表2　各排水処理分野で適用されている膜種類

膜種類			浄化槽，農業集落排水,下水	ビル排水再利用	し尿	産業廃水	下水二次処理水再利用
MF	浸漬型	平膜	○	○	○	○	○
		中空糸膜	○	○	○	○	○
		管状膜		○		○	○
	チューブラー					○	○
	モノリス					○	○
	中空糸膜		○				
UF	チューブラー			○	○		
	回転平膜			○	○	○	
	プレート＆フレーム			○	○		
	モノリス					○	○
	中空糸膜					○	○
NF, RO	スパイラル					○	○
	プレート＆フレーム					○	

Q 9. 各分野に適用する膜モジュールに公的認可は必要ですか？ 膜処理を導入する際に国や自治体からの補助制度はありますか？

A 浄水分野へ適用する膜モジュールには膜モジュール単体の認定制度がありますが，排水処理分野へ適用する膜モジュール単体には現在のところ認定制度はありません．ただし，膜を含めたプロセスとして処理水量，処理水質を満足するための認可制度があり，浄化槽，農業集落排水処理分野では，（財）日本建築センターの評定，および国土交通大臣の認定が必要となります．また，下水道では，自治体などが処理方式を膜分離活性汚泥法として，下水道法の事業認可を取る必要があります．

膜処理を導入する際の国や自治体からの補助制度として，下記のような制度があります．

●国
・国土交通省 「下水道法 施行令」第24条の2 （国庫補助）
　　膜分離活性汚泥法は下水道の処理方式として，標準活性汚泥法と同様に補助対象になっている．
　　補助率：5.5/10
・国土交通省 「水環境創造事業・水循環再生型」事業
　　下水処理水の再利用を実施する事業に関して補助する．
　　補助率：公共下水道事業1/2
・環境省 循環型社会形成推進交付金制度[1]
　　浄化槽設置整備事業，浄化槽市町村整備推進事業，コミュニ

ティ・プラント，汚泥再生処理センター，し尿・浄化槽汚泥高度処理施設などの新設，増設に要する費用が対象．

交付率：対象事業費の 1/3

・農林水産省　農業集落排水資源循環統合補助事業

農業集落におけるし尿・生活雑排水などの汚水または雨水を処理する施設，汚泥，処理水または雨水の循環利用を目的とした施設などの整備．

補助率：補助事業費の 1/2

● 自治体 [2]

・福岡市　「福岡市雑用水道奨励補助金制度」

個別循環利用者に対し，施設設置費用の利子補給相当額と固定資産税相当額を一定期間補助

・香川県　「節水設備整備等資金融資」および「旅館・ホテル施設整備資金融資」

中小企業等および旅館・ホテル等が節水型機器，水の再利用施設等の設置購入を行う際に低利資金を融資

・香川県　「香川県水循環利用促進事業補助金」

雑用水利用施設を設置する者に補助する市町に対し，経費の一部を補助

・高松市　「節水・循環型水利用の推進に関する要綱」[3]

排水再利用施設の設置に対する促進助成金制度．助成額は要綱に定める標準施設費と改造実費のどちらか安い方の 1/10

Q10. 海外における膜を利用した排水処理の導入実績はどれぐらいですか？

A 図1に国内外の浄水分野および排水処理分野における膜処理施設の普及状況を、図2に国内外の大規模下排水高度処理プラントを示します[4].

上水分野に比べると処理水量はまだまだ少ないですが，排水処理分野への膜の適用水量は年々増えており，累計で約500万 m^3/日に達しています.

また，大規模下排水高度処理プラントのうち，下水二次処理水の高度処理に用いられている最大のMF膜処理プラントは約38万 m^3/日，BWRO膜処理プラントは約32万 m^3/日，MBRプラントは

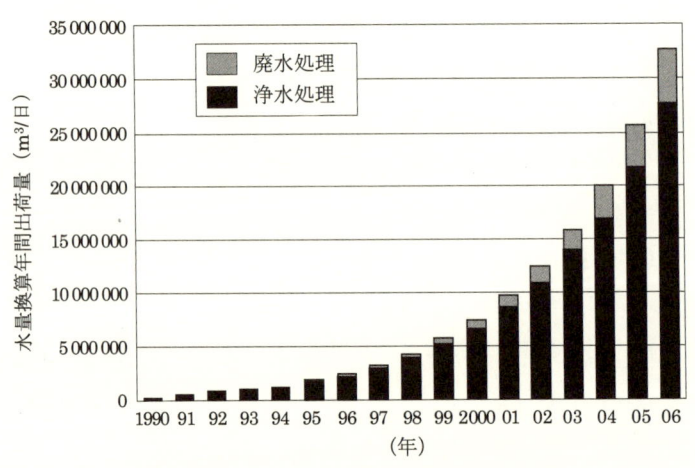

図1　国内外の膜処理施設普及状況[4]（累積ベース）

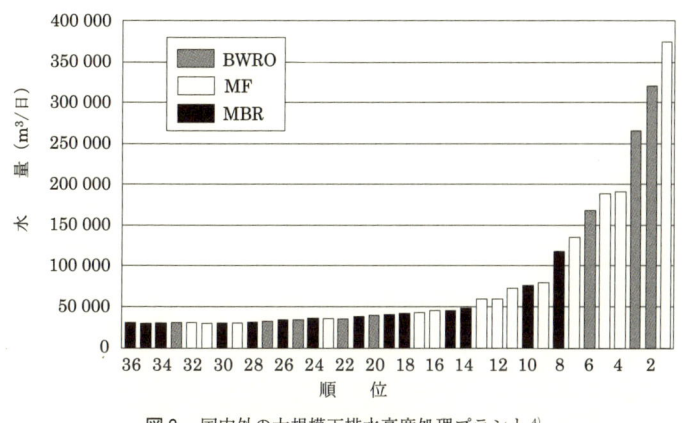

図2 国内外の大規模下排水高度処理プラント[4]

約 12 万 m³/日であり,下排水高度処理プラントの大規模化も進んでいる状況が伺えます.

11. ヨーロッパでのMBRの標準化の現状は？

ヨーロッパでのMBRの標準化の現状は，2004年にEU委員会にMBR検討委員会が設置され，①MBR技術の応用拡大，②MBR標準化が検討されました．その後2005年にEUの総力をあげて4つのMBRネットワークプロジェクト（**表3**参照）が開始され，2009年までにMBRの国際標準化の可能性確認や具体案が策定される予定で進んでいます[5]．

詳細はwww.mbr-network.euを参照してください．

表3 ヨーロッパでのMBRネットワークプロジェクト

プロジェクト	AMEDEUS	EUROMBRA	MBR-TRAIN	PURATREAT
期間(年)	2005〜2008	2005〜2008	2006〜2009	2006〜2008
予算	約9億円	約6.3億円	約3億円	約1.4億円
参加組織	12組織	13組織	10組織	9組織
	豪州も含む	豪州・南ア含む		
幹事	ドイツ	ノルウェー	ドイツ	ドイツ
研究テーマ	MBR設計・運転管理の最適化・MBR標準化	コスト競争力・汚染防止対策・ライフサイクルアセスメント	MBRリサーチ・若手の教育・汚染防止・MBR情報交換促進	地中海諸国向けMBRリサーチ・開発

Q 12. 産業廃水処理に膜を利用する主なメリットは何ですか？

A 膜技術を利用した廃水処理の大きな特徴として，沈殿による固液分離を用いる処理方法と比べて，設置スペースが小さいということがあげられます．産業廃水の処理設備を導入するにあたっては様々な制約条件がありますが，装置を設置できる敷地面積が限られているということがよくあります．

特に生産設備を増設する場合，それに伴い，廃水量も増えるため既存の処理設備では能力不足となりますが，既存の処理設備と同じ物を増設するだけの敷地面積がないという場合があります．

このような時，省スペースで処理できる膜技術を用いた廃水処理施設を導入することで対応が可能となります．

また，産業廃水の中には非常に沈殿しにくく，大量の凝集剤を必要とするものもありますが，膜技術は沈殿をさせずに固液分離が可能であるため，凝集剤の使用量が少なく，発生する汚泥量を低減して，処分費用を節減できるというメリットもあります．

さらに，膜技術を用いた廃水処理の処理水は安定して非常に清浄であるという特徴があります．これは，装置の管理が容易で，処理水の水質が安定しているということです．すなわち，廃水の処理水を再利用しやすいというメリットがあります．

Q 13. 小規模工場からの排水に対しても，膜処理は適用できますか？

A 適用できます．

例えば，環境省は 2003 年度より，先進的環境技術について，その環境保全効果などを第三者機関が客観的に実証する事業を試行的に実施する「環境技術実証モデル事業」を開始していますが，2004 年度の対象技術分野として日排水量 50 m³ 以下を想定した小規模事業場からの有機性排水処理技術を選定しています．

ここで行われた日排水量 35 m³ の醤油工場廃水処理における，浸漬型平膜装置を用いた実証試験の報告書を 2005 年 6 月に承認しています．

Q 14. どのような排水に対しても膜処理は適用できますか？ また膜処理に適した排水というのはありますか？

A 排水によっては膜の素材を劣化させたり，膜表面を傷つけるようなものが含まれていることがあります．

このような排水に対しては，場合によっては前処理を行い改質または，除去する必要があります．特に産業廃水は多様であるため注意が必要です．膜を化学的に劣化させるような酸化剤・溶剤が含まれていないか，排水の水温，pHは適用する膜の許容範囲内か，排水中の固形物が膜を傷つけることはないかなどを確認する必要があります．

また，膜は洗浄を行いながら使用しますが，排水を膜処理した場合に，洗浄性が著しく悪くないかということも確認すべき項目です．

沈降性，凝集性が悪い排水，他の方法では固液分離がうまくいかない排水も膜処理では固液分離が可能です．このような排水は膜による処理に適した排水といえ，適用を検討する価値があります．

参考文献

1) （社）全国都市清掃会議：汚泥再生処理センター等施設整備の計画・設計要領 2006改訂版.
2) 国土交通省水資源局水資源部, 日本の水資源.
3) 香川県高松市ホームページ.
4) AMST 2007年調査資料.
5) 吉村和就：これでいいのか欧州主導で進められるMBRの国際標準化, 水道産業新聞, 2007年3月19日付け.

―水循環の時代―
膜を利用した水再生

2008年2月1日　1版1刷発行

定価はカバーに表示してあります。

ISBN978-4-7655-3425-3　C3051

編　　者	(社)日本水環境学会	
	膜を利用した水処理技術研究委員会	
発 行 者	長　　滋　　彦	
発 行 所	技報堂出版株式会社	

日本書籍出版協会会員
自然科学書協会会員
工学書協会会員
土木・建築書協会会員

〒101-0051　東京都千代田区神田神保町1-2-5
(和栗ハトヤビル)
電　話　　営　業　(03)(5217)0885
　　　　　編　集　(03)(5217)0881
FAX　　　　　　(03)(5217)0886
振替口座　00140-4-10
http://www.gihodoshuppan.co.jp/

Printed in Japan

Ⓒ Japan Society of Water Environment, 2008

組版・装幀　美研プリティング　　印刷・製本　技報堂

落丁・乱丁はお取替えいたします.
本書の無断複写は,著作権法上での例外を除き,禁じられています.

● 関連図書のご案内 ●

地球環境時代の水道
水道と地球環境を考える研究会 編
B6・192頁

水供給 −これからの50年−
持続可能な水供給システム研究会 編
B6・204頁

みんなで考える飲み水のはなし
アクア研究会 編
B6・230頁

科学で見なおす体にいい水・おいしい水
岡崎稔・鈴木宏明 共著
B6・202頁

水道水とにおいのはなし
おいしい水を考える会 編
B6・160頁

水のはなしⅠ〜Ⅲ
高橋裕 編
各B6・232〜244頁

浄水膜（第2版）
膜分離技術振興会 編
A5・270頁

日本の水環境1〜7巻
日本水環境学会 編
各A5・216〜290頁

アプローチ環境ホルモン
〜その基礎と水環境における最前線〜
日本水環境学会関西支部 編
A5・278頁

急速濾過・生物濾過・膜濾過
藤田賢二 編著／山本和夫・滝沢智 著
A5・310頁

水道工学
藤田賢二 監修
B5・954頁

世界の水道
〜安全な飲料水を求めて〜
海賀信好 著
A5・264頁

新しい浄水技術
〜産官学共同プロジェクトの成果〜
水道技術研究センター 編
A5・436頁

浄水の技術
〜安全な飲み水をつくるために〜
丹保憲仁・小笠原紘一 著
A5・400頁

安全な水道水の供給
〜小規模水道の改善〜
浅野孝・眞柄泰基 監訳
水道技術研究センター 訳
A5・242頁

■技報堂出版　TEL 編集03(5217)0881／営業03(5217)0885
FAX 03(5217)0886　http://www.gihodoshuppan.co.jp/